气象标准汇编

2012

中国气象局政策法规司 编

气象出版社
China Meteorological Press

图书在版编目(CIP)数据

气象标准汇编.2012/中国气象局政策法规司编.
—北京:气象出版社,2013.7
ISBN 978-7-5029-5749-0

Ⅰ.①气…　Ⅱ.①中…　Ⅲ.①气象-标准-汇编-中国-2012
Ⅳ.①P4-65

中国版本图书馆 CIP 数据核字(2013)第 167830 号

气象标准汇编 2012

中国气象局政策法规司　编

出版发行:气象出版社			
地　　址:北京市海淀区中关村南大街 46 号		邮政编码:100081	
总 编 室:010-68407112		发 行 部:010-68409198	
网　　址:http://www.cmp.cma.gov.cn		E-mail：qxcbs@cma.gov.cn	
责任编辑:王萃萃		终　　审:赵同进	
封面设计:王　伟		责任技编:吴庭芳	
印　　刷:北京京科印刷有限公司			
开　　本:880mm×1230mm　1/16		印　　张:20.5	
字　　数:522 千字			
版　　次:2013 年 8 月第 1 版		印　　次:2013 年 8 月第 1 次印刷	
定　　价:60.00 元			

本书如存在文字不清、漏印以及缺页、倒页、脱页等,请与本社发行部联系调换

前　言

　　气象事业是科技型、基础性社会公益事业,对国家安全、社会进步具有重要的基础性作用,对经济发展具有很强的现实性作用,对可持续发展具有深远的前瞻性作用。气象标准化工作是气象事业发展的基础性工作,涉及到气象事业发展的各个方面,渗透于公共气象、安全气象、资源气象的各个领域。《国务院关于加快气象事业发展的若干意见》中要求:"建立健全以综合探测、气象仪器设备和气象服务技术为重点的气象标准体系,加强气象业务工作的标准化、规范化管理。"因此,加强气象标准化建设,对于强化气象工作的社会管理、统一气象工作的技术和规范、加强气象信息的共享与合作,促进气象事业又好又快发展,更好地为全面建设小康社会提供优质的气象服务具有十分重要的意义。

　　为了进一步加大对气象标准的学习、宣传和贯彻实施工作力度,使各级政府、广大社会公众和气象行业的广大气象工作者做到了解标准、熟悉标准、掌握标准、正确运用标准,充分发挥气象标准在现代气象业务体系建设、气象防灾减灾、应对气候变化等方面中的技术支撑和保障作用,中国气象局政策法规司对已颁布实施的气象国家标准、气象行业标准和气象地方标准按年度进行编辑,已出版了8册。本册是第9册,汇编了2012年颁布实施的气象行业标准共27项,供广大气象人员和有关单位学习使用。

中国气象局政策法规司

2013 年 4 月

目　录

ICS 07.060
A 47
备案号：37796—2012

中华人民共和国气象行业标准

QX/T 151—2012

人工影响天气作业术语

Terminology for weather modification operation

2012-08-30 发布　　　　　　　　　　　　　　　2012-11-01 实施

中 国 气 象 局　发布

1

前　言

本标准按 GB/T 1.1—2009 给出的规则起草。

本标准由全国气象防灾减灾标准化技术委员会(SAC/TC 345)提出并归口。

本标准起草单位:四川省气象局。

本标准主要起草人:郝克俊、王维佳、余芳、陈碧辉。

人工影响天气作业术语

1 范围

本标准界定了人工影响天气作业术语的基本术语及其定义。

本标准适用于人工影响天气作业。

2 基本术语

2.1

人工影响天气 weather modification

为避免或者减轻气象灾害,合理利用气候资源,在适当条件下通过科技手段对局部大气的物理过程进行人为影响,实现增雨(雪)、防雹、消雨、消雾、防霜等目的的活动。

2.2

人工影响天气作业 weather modification operation

用高炮、火箭、飞机、地面发生器等,将适当催化剂引入云雾中,或用其他技术手段进行人工影响天气的行为。

2.3

人工增雨(雪) artificial precipitation enhancement

对具有人工增雨(雪)催化条件的云,采用科学的方法,在适当的时机,将适当的催化剂引入云的有效部位,达到人工增加雨(雪)目的的科学技术措施。

2.4

人工消(减)雨 artificial precipitation suppression

在适当的条件下,对云中适当的部位播撒适当的催化剂或采用其他的技术手段,使局部地区内降水消减的科学技术措施。

2.5

人工防雹 artificial hail suppression

用高炮、火箭、地面发生器等向云中适当部位播撒适量的催化剂,抑制或削弱冰雹危害的科学技术措施。

2.6

人工防霜 artificial frost protection

用提高近地层空气和土壤表面温度的科学技术或其他方法,达到防止或减轻霜冻危害目的的科学技术措施。

2.7

人工消云 artificial cloud dispersal

人为使局部区域的云层消散的科学技术措施。

2.8

人工消雾 artificial fog dispersal

人为使局部区域的雾部分或全部消除的科学技术措施。

2.9

空中水资源开发　exploitation of atmosphere water resource

通过人工影响天气作业,对空中水资源加以开发、利用的科学技术措施。

2.10

播云催化剂　seeding agent

播撒到云雾中,以改变其云物理发展过程,达到人工影响天气目的的催化物质。

2.11

吸湿催化剂　hygroscopic seeding material

常用于暖云催化的,具有适当大小的吸湿性颗粒物。

2.12

致冷催化剂　cooling seeding material

直接撒播在云中,可造成局部深度降温,使过冷云中产生大量冰晶的催化物质。

2.13

凝结核　condensation nucleus

大气中水汽可以在其上凝结成水滴的气溶胶粒子。

2.14

人工冰核　artificial ice nucleus

人工制造的能够在大气和云雾中产生冰晶的颗粒物。

2.15

播云催化　cloud seeding

在云中加入催化剂,改变云的微结构,影响云发展的科学技术措施。

2.16

冷云　cold cloud

由温度低于 0 ℃的过冷水和(或)冰晶组成的云。

2.17

冷云(雾)催化　cold cloud(fog) seeding

向过冷云(雾)中播撒催化剂,产生大量冰晶的科学技术措施。

2.18

暖云　warm cloud

完全由液态水滴组成温度高于 0 ℃的云。

2.19

暖云催化　warm cloud seeding

向暖云中播撒吸湿催化剂,改变其发展过程的科学技术措施。

2.20

冰云　ice cloud

由冰晶、雪晶所组成的云。

2.21

目标区　target area

通过人工影响天气作业产生效果的区域。

2.22

作业区　seeding area

实施人工影响天气作业的区域。

2.23

对比区　control area

为了检验作业效果而选作对比的且不受催化作业影响的区域。

2.24

作业部位　cloud seeding position

催化剂在云中的播撒位置。

2.25

播撒率　seeding rate

单位时间或单位距离播撒的催化剂的数量。

2.26

播云温度窗　temperature interval for seeding

通过催化,能够有效增加地面降水的云顶温度的区间。

2.27

播云判据　cloud seeding criteria

用于判别人工催化作业条件的云物理指标。

2.28

播云雷达指标　radar index for cloud seeding

用于判别人工催化作业条件和效果的雷达回波参数的物理指标。

3　常用播云催化剂

3.1

干冰　dry ice

固态二氧化碳(CO_2),常压下升华温度为−78.5 ℃,汽化时吸热,可使周围空气迅速冷却而产生大量冰晶。

3.2

液氮　liquid nitrogen

液态氮(N_2),常压下液化温度为−195.85 ℃,汽化时吸热,可使周围空气迅速冷却而产生大量冰晶。

3.3

碘化银　silver iodide

碘和银的化合物(AgI),一般为黄色六角形结晶,与自然冰晶的晶格结构相似,常用作人工冰核。

3.4

碘化银焰火剂　silver iodide pyrotechnics

将碘化银与燃烧剂、黏结剂等混合制成的药剂,燃烧分散后作为冷云催化剂。

3.5

碘化银丙酮溶液　silver iodide acetone solution

碘化银的丙酮溶液,燃烧分散后作为冷云催化剂。

3.6

盐粉　salt powder

适当大小的盐类粉末,作为吸湿催化剂。

4 作业装备

4.1

高炮　anti-aircraft gun
用于发射增雨防雹炮弹的高射炮。

4.2

炮弹　gun shell
人工防雹增雨弹,内含 AgI 催化剂,用于人工影响天气作业。

4.3

火箭弹　rocket shell
携带催化剂,发射到云体内指定部位,对云体进行增雨防雹播撒式催化作业的壳体装置。

4.4

发射系统　launch system
由发射架和发射控制器组成的系统。

4.5

发射架　rocket launcher
赋予火箭弹定向稳定飞行的装置。

4.6

发射控制器　launch controller
控制火箭弹发射的装置。

4.7

火箭作业系统　rocket operation system
由火箭弹、发射架和发射控制器等组成的增雨防雹作业系统。

4.8

地面发生器　ground generator
在地面释放催化剂的装置。

4.9

碘化银焰火器　pyrotechnic generator of silver iodide
装有碘化银(或碘、银化合物)和其他焰火剂、能燃烧产生大量碘化银微粒的装置。

4.10

碘化银发生炉　silver iodide generator
燃烧加热以产生碘化银微粒的装置。

4.11

作业飞机　seeding aircraft
用于实施人工影响天气作业的飞机。

4.12

飞机探测　aircraft sounding
用飞机携载仪器进行气象观测的活动。

4.13

大气探测飞机　sounding aircraft
装有大气探测设备,用于大气物理、化学和云雾结构等探测的飞机。

4.14

增雨防雹工具 apparatus for rain enhancement and hail suppression
用于人工增雨防雹作业的装备。

5 地面作业

5.1

发射仰角 launch elevation
高炮、火箭从地面向空中目标云体发射时与水平面构成的角度。

5.2

发射方位 launch direction
高炮、火箭从地面向空中目标云体发射时与正北方向构成的角度。

5.3

射高 launch altitude
高炮、火箭从地面向空中目标云体发射时与地面的最大垂直距离。

5.4

射程 range
高炮、火箭在空中播撒催化剂的最大水平距离。

5.5

播撒起点 start point of cloud seeding
开始播撒(或释放)作业催化剂的空间位置。

5.6

播撒终点 end point of cloud seeding
终止播撒(或释放)作业催化剂的空间位置。

5.7

禁射区 forbidden area of fire
依据有关安全规定,确定禁止实施人工影响天气作业的高炮、火箭发射区域。

5.8

安全射界图 safe firing area map
根据人工影响天气安全作业的有关要求,以炮弹、火箭弹发射的最大安全水平距离,用地图投影方式,以作业点为圆心,绘制的安全射击分布图。

6 飞机作业

6.1

飞机增雨(雪) aircraft precipitation enhancement
利用飞机在云体的适当部位,选择适当的时机,播撒适量的催化剂,以增加地面降水量的科学技术措施。

6.2

作业飞行 weather modification flight
实施人工影响天气作业的飞行。

6.3

作业飞行计划 weather modification flight plan

针对作业飞行目的制定的飞行计划和方案。

6.4

作业航线　weather modification flight route

作业飞机从作业起始点到作业结束点的飞行航线。

7　作业效果评估

7.1

效果评估　assessment of effect

检验人工影响天气作业后是否有效，并评价其效果大小的工作。

7.2

效益评估　evaluation of benefit

对人工影响天气作业产生的效果和经济、社会效益进行的评估工作。

7.3

统计检验　statistical test

用统计学原理，对人工影响天气作业后的效果加以评估的方法。

7.4

物理检验　physical test

通过观测人工催化前后云和降水宏微观要素的变化，分析判断作业效果的方法。

7.5

数值模拟检验　numerical simulation test

利用数值模式，模拟人工催化前后云和降水宏微观要素的变化，协助评估作业效果的方法。

8　作业管理

8.1

作业规程　operating procedure

人工影响天气作业的操作规则和流程。

8.2

作业时段　operating mission period

开展人工影响天气作业的起止时间间隔。

8.3

作业时机　operating opportunity

根据云系移动特点和对云内要素观测值的分析，确定有利于实施人工影响天气作业的时间。

8.4

作业信息　operation information

反映人工影响天气作业时间、用弹（或催化剂）数量、作业效果等各种信息。

8.5

作业记录　operation record

对作业申请、作业时间、作业回复、用弹（或催化剂）数量、作业效果等的详细记录。

8.6

作业指挥人员　weather modification operation commander

有资格从事人工影响天气作业指挥的人员。

8.7

作业人员　weather modification operator

有资格从事人工影响天气作业装备操作的人员。

8.8

作业空域　airspace for weather modification operation

经飞行管制部门和航空管理部门批准,飞机、高炮、火箭在规定时限内实施作业的空间范围。

8.9

空域申请　application for airspace

实施人工影响天气作业前,作业组织提前向有关管理部门申请作业空域的行为。

8.10

作业时限　approved time period

经飞行管制部门和航空管理部门批准,限定飞机、高炮、火箭等的作业时段。

8.11

作业回复　reply of operating task

作业组织在批准的作业时限内向有关管理部门回复作业完毕的行为。

8.12

空域记录　airspace record

开展人工影响天气作业时,对空域申请、批复、回复和空域动态等有关事项的详细记录。

8.13

作业点　operating spot

用于地面实施人工影响天气作业的地点。

8.14

固定作业点　fixed operating spot

有固定建(构)筑物、设备、观测仪器、作业装备、作业平台等的作业点。

8.15

流动作业点　mobile operating spot

具有作业平台,作业装备可移动的作业点。

8.16

临时作业点　temporary operating spot

临时向相关管理部门申请并获得批准的作业点。

8.17

过期弹　expired ammunition

超过有效期的炮弹、火箭弹。

8.18

故障弹　fault ammunition

不能正常工作的炮弹、火箭弹。

8.19

膛炸　bore explosion

炮弹滞留膛内将身管损坏的现象。

8.20

炸架　explosion on the launcher

火箭弹滞留在发射架上产生爆炸的现象。

8.21

作业安全事故　security accident of operation

人工影响天气作业造成财物损失和人畜伤亡的安全事故。

8.22

年检　annual verification

按照技术规范,每年对作业装备进行一次全面的检查维修的活动。

参 考 文 献

［1］ QX/T 18—2003 人工影响天气作业用 37 毫米高射炮技术检测规范

［2］ 曹康泰,许小峰.人工影响天气管理条例释义.北京:气象出版社.2002

［3］ 大气科学辞典编委会.大气科学辞典.北京:气象出版社.1994

［4］ 许焕斌,段英,刘海月.雹云物理与防雹的原理和设计——对流云物理与防雹增雨.北京:气象出版社.2006

［5］ 张春良等.增雨防雹火箭作业系统安全操作规范.北京:气象出版社.2008

［6］ 郑国光,陈跃,王鹏飞等译.人工影响天气研究中的关键问题.北京:气象出版社.2005

［7］ 中国气象局科技发展司.人工影响天气岗位培训教材.北京:气象出版社.2003

［8］ 中国气象局科技教育司.高炮人工防雹增雨作业业务规范(试行).2000

［9］ 中国气象局科技教育司.飞机人工增雨作业业务规范(试行).2000

［10］ 周公度等.化学辞典.北京:化学工业出版社.2011

［11］ 朱炳海,王鹏飞,束家鑫.气象学词典.上海:上海辞书出版社.1985

索　引
中文索引

S

T

W

X

Y

Z

英文索引

A

B

C

D

E

ICS 07.060

A 47

备案号：37797—2012

中华人民共和国气象行业标准

QX/T 152—2012

气候季节划分

Division of climatic season

2012-08-30 发布   2012-11-01 实施

中 国 气 象 局 发 布

前　言

本标准按照 GB/T 1.1—2009 给出的规则起草。

本标准由全国气象防灾减灾标准化技术委员会(SAC/TC 345)提出并归口。

本标准起草单位:国家气候中心。

本标准主要起草人:陈峪、姜允迪、陈鲜艳、张强。

引　言

　　气候季节对各行业以及人们生活都有不同程度的影响,对农业生产至关重要。季节划分通常有天文、气象、节气、农历、物候、候温等多种方法。我国幅员辽阔,各地气候差异大,以同一个时间段界定不同地区的季节显然不尽合理,而利用物候、天文等方法又不便于业务操作。因此,制定科学的并适用于业务使用的气候季节划分指标和方法,气候季节出现早晚、持续长短等级的划分指标,对相关的科研、气候业务和气候服务,都具有十分重要的科学意义和应用价值。

气候季节划分

1 范围

本标准规定了气候季节的划分指标、常年和当年气候季节的界定方法以及气候季节早晚和长短等级的划分。

本标准适用于气候季节的监测、评价、预测与服务。

2 术语和定义

下列术语和定义适用于本文件。

2.1

气候季节 climatic season

从天气气候角度,按照日平均气温将一年划分为不同的阶段,通常分为春季、夏季、秋季和冬季四个季节。

2.2

气温序列 time series of surface air temperature

连续的逐日平均气温记录。

注:单位为摄氏度(℃)。

2.3

5天滑动平均 5-day moving average

连续要素序列依次以当天及前4天这5个数据为一组求取的平均值。

2.4

滑动平均气温序列 time series of moving average temperature

由气温序列计算的5天滑动平均值序列。

注:单位为摄氏度(℃)。

2.5

常年值 normal

气候平均值 climate normal

气象要素30年或其以上的平均值。

注:根据世界气象组织的有关规定,本标准取最近三个年代的平均值作为气候平均值。亦可根据需要,选取连续的三个年代计算常年值。

示例:2011—2020年期间,取1981—2010年30年的平均值。

2.6

常年气候季节 normal climatic season

由常年气温序列确定的气候季节起止日期和长度。

2.7

四季分明区 regions with spring, summer, autumn and winter

一年中春、夏、秋、冬四个季节均出现的地区。

2.8

四季不分明区 regions with one or more seasons no existence

一年中有一个或多个季节不出现的地区。

3 气候季节划分指标

3.1 春季为日平均气温或滑动平均气温大于或等于 10 ℃且小于 22 ℃。

3.2 夏季为日平均气温或滑动平均气温大于或等于 22 ℃。

3.3 秋季为日平均气温或滑动平均气温小于 22 ℃且大于或等于 10 ℃。

3.4 冬季为日平均气温或滑动平均气温小于 10 ℃。

4 常年气候季节界定方法

4.1 常年气温序列计算

对选定的 30 年气温序列,计算同日平均气温的常年值,得到常年气温序列。某日平均气温常年值计算见式(1):

$$\bar{T}_j = \frac{1}{n} \sum_{i=1}^{n} t_{ij} \qquad \cdots\cdots\cdots\cdots\cdots(1)$$

式中:

$\bar{T}_j$ ——第 j 日的平均气温常年值,单位为摄氏度(℃);

t_{ij} ——第 i 年第 j 日平均气温,单位为摄氏度(℃);

n ——选定年份长度,取 30。

4.2 常年滑动平均气温序列计算

依据常年气温序列计算 5 天滑动平均值,得到常年滑动平均气温序列。5 天滑动平均值计算见式(2):

$$\bar{TM}_j = \frac{t_{j-4} + t_{j-3} + t_{j-2} + t_{j-1} + t_j}{5} \qquad \cdots\cdots\cdots\cdots\cdots(2)$$

式中:

$\bar{TM}_j$ ——第 j 日的 5 天滑动平均气温,单位为摄氏度(℃);

t_j ——第 j 日平均气温,单位为摄氏度(℃)。

4.3 四季分明区常年气候季节确定

4.3.1 常年气候季节起始日确定

4.3.1.1 概述

基于常年滑动平均气温序列,应按春、夏、秋、冬的顺序,依次确定各季节的常年起始日期。

4.3.1.2 春季起始日

当常年滑动平均气温序列连续 5 天大于或等于 10 ℃,则以其所对应的常年气温序列中第一个大于或等于 10 ℃的日期作为春季起始日。

4.3.1.3 夏季起始日

当常年滑动平均气温序列连续 5 天大于或等于 22 ℃,则以其所对应的常年气温序列中第一个大于或等于 22 ℃的日期作为夏季起始日。

4.3.1.4 秋季起始日

当常年滑动平均气温序列连续 5 天小于 22 ℃,则以其所对应的常年气温序列中第一个小于 22 ℃的日期作为秋季起始日。

4.3.1.5 冬季起始日

当常年滑动平均气温序列连续 5 天小于 10 ℃,则以其所对应的常年气温序列中第一个小于 10 ℃的日期作为冬季起始日。

如果秋季起始日后的滑动平均气温序列不满足冬季指标,则从春季起始日前的序列中确定。

4.3.2 常年气候季节终止日确定

以某一气候季节常年起始日的前一日,作为上一个季节的常年终止日。

4.3.3 常年气候季节长度

某一气候季节常年起始日到终止日之间的天数,为常年气候季节长度(天数)。

4.4 四季不分明区常年气候季节确定

4.4.1 常冬区

如果常年滑动平均气温序列无连续 5 天大于或等于 10 ℃,则该地为常冬区,不做季节划分。

4.4.2 常夏区

如果常年滑动平均气温序列无连续 5 天小于 22 ℃,则该地为常夏区,不做季节划分。

4.4.3 常春区

如果常年滑动平均气温序列无连续 5 天小于 10 ℃和大于或等于 22 ℃,则该地为常春区,不做季节划分。

4.4.4 无冬区

4.4.4.1 如果常年滑动平均气温序列无连续 5 天小于 10 ℃,则该地为无冬区,只做春季、夏季和秋季划分。

4.4.4.2 春季起始日为 1 月 1 日,夏季和秋季起始日分别按 4.3.1.3 和 4.3.1.4 确定;春季和夏季终止日按 4.3.2 确定,秋季终止日为 12 月 31 日。

4.4.5 无夏区

4.4.5.1 如果常年滑动平均气温序列无连续 5 天大于或等于 22 ℃,则该地为无夏区,只做春季、秋季和冬季划分。

4.4.5.2 春季和冬季的起始日分别按 4.3.1.2 和 4.3.1.5 确定,秋季起始日为常年气温序列的首个最高日;春季、秋季和冬季终止日按 4.3.2 确定。

5 当年气候季节界定方法

5.1 当年气候季节起始日确定

5.1.1 起始日的初次判断

5.1.1.1 基于当年气温序列计算5天滑动平均气温,其计算见式(2)。四季分明区按照4.3,四季不分明区参照4.4.4或4.4.5,依次进行当年春季、夏季、秋季和冬季起始日的初次判断。

5.1.1.2 如果秋季之后的滑动平均气温序列不满足冬季指标,则顺延至下一年判断,但仍标识为上一年(即当年)冬季的起始日。

5.1.2 起始日的二次判断

5.1.2.1 如果初次判断的起始日期比常年日期偏早15天以上,需进行起始日的二次判断。

5.1.2.2 如果初次满足季节指标的5天连续过程后至常年起始日之间,滑动平均气温序列均满足季节指标,则当年季节起始日按初次判断的日期确定。

5.1.2.3 如果初次5天连续过程后滑动平均气温序列有不满足季节指标的,则需计算至序列再次连续5天满足季节指标。当两次连续过程之间,满足季节指标的累计天数大于或等于不满足的天数,则以初次判断的起始日作为该气候季节的开始日期;否则,按第二次判断的起始日确定。

5.2 当年气候季节终止日确定

以某一气候季节起始日的前一日,作为上一个季节的终止日。

5.3 当年气候季节长度

某一气候季节起始日到终止日之间的天数,为该气候季节的长度(天数)。

6 气候季节早晚和长短等级划分

6.1 气候季节早晚等级划分

气候季节早晚等级依据当年与常年气候季节起止日期的差值(D_d)来划分,分为特早、偏早、正常、偏晚和特晚五个等级,见表1。

表 1 气候季节早晚等级划分和表述

等级指标	等级表述
$D_d < -15$	特早
$-15 \leqslant D_d < -5$	偏早
$-5 \leqslant D_d \leqslant 5$	正常
$5 < D_d \leqslant 15$	偏晚
$D_d > 15$	特晚

6.2 气候季节长短等级划分

气候季节长短等级依据当年与常年气候季节长度的差值(D_l)来划分,分为特短、偏短、正常、偏长和特长五个等级,见表2。

表 2　气候季节长短等级划分和表述

等级指标	等级表述
$D_l < -15$	特短
$-15 \leqslant D_l < -5$	偏短
$-5 \leqslant D_l \leqslant 5$	正常
$5 < D_l \leqslant 15$	偏长
$D_l > 15$	特长

参 考 文 献

[1] 白殿一.标准编写指南.北京:中国标准出版社.2002

[2] 么枕生,丁裕国.气候统计.北京:气象出版社.1990

[3] 张宝堃.中国四季之分布.地理学报,1934,**1**(1):1-18

[4] 《中华人民共和国气候图集》编委会.中华人民共和国气候图集.北京:气象出版社.2002

[5] Dong Wenjie, Jiang Yundi, Yang Song. The responses of seasonal length and beginning date in mainland of China to global warming. *Climatic Change*, 2010, **99**. doi 10. 1007/s10584-009-9669-0, 81-91

ICS 07.060
A 47
备案号：37798—2012

中华人民共和国气象行业标准

QX/T 153—2012

树木年轮灰度资料采集规范

Specification for tree-ring gray value data acquisition

2012-08-30 发布
2012-11-01 实施

中 国 气 象 局 发布

前　言

本标准按照 GB/T 1.1—2009 给出的规则起草。

本标准由全国气象防灾减灾标准化技术委员会(SAC/TC 345)提出并归口。

本标准起草单位:中国气象局乌鲁木齐沙漠气象研究所。

本标准主要起草人:袁玉江、喻树龙、张同文、尚华明、陈峰、张瑞波。

树木年轮灰度资料采集规范

1 范围

本标准规定了用于获取树木年轮灰度资料的野外采样、样本预处理、灰度资料获取、数据格式、交叉定年、质量控制及年表建立等技术方法。

本标准适用于气候研究领域内树木年轮灰度资料的采集工作。

2 规范性引用文件

下列文件对于本文件的应用是必不可少的。凡是注日期的引用文件,仅注日期的版本适用于本文件。凡是不注日期的引用文件,其最新版本(包括所有的修改单)适用于本文件。

GB 9258—1998 涂附磨具用磨料微粉粒度及其组成

QX/T 90—2008 树木年轮气候研究树轮采样规范

3 术语和定义

QX/T 90—2008 界定的以及下列术语和定义适用于本文件。

3.1
树轮图像分析系统 tree-ring image analysis system

由计算机、扫描仪和树轮图像分析软件组成,用于获取树轮宽度和灰度数据的系统。

3.2
树轮灰度 tree-ring gray value

由树轮图像分析系统获得的树芯样本图像(0~255 阶灰度值)中每个像素反射光强度的指标。

3.3
交叉定年 cross-dating

通过对比同一采样点或邻近多个采样点间各个树芯样本在树轮宽窄变化上的一致性,判断每个树芯样本的缺失轮、伪轮、生长奇异轮,并最终确定每个树轮形成的年份。

3.4
生长锥稳定器 increment borer stabilizer

用于防止生长锥在钻取树芯样本时发生晃动,避免样本扭曲的辅助器材。

3.5
样本板 sample board

顶面刻有细槽,用于固定树芯样本的木板或塑料板。

3.6
路径 path

树轮图像分析系统中,对树轮灰度图像进行分析的条状区域。

注:该区域的长度和宽度为路径的长度和宽度。

4 野外采样

4.1 采样点的选择

按照 QX/T 90—2008 第 3 章操作。

4.2 采样树种的选择

按照 QX/T 90—2008 第 4 章操作。

4.3 样本采集

4.3.1 将生长锥的螺旋刃口对准树干中心。保证锥杆与树干垂直后,将生长锥稳定器的金属细杆插入生长锥中空的锥杆中,生长锥稳定器的托体则顶在使用者胸部。两手持锥柄两端,顺时针均匀用力旋转锥柄。进钻达到 5 cm 后,去掉生长锥稳定器。

4.3.2 选择样本树、采集样本、记录样本等步骤应按照 QX/T 90—2008 第 4 章、第 8 章、第 9 章操作。

4.4 样本数量

按照 QX/T 90—2008 第 7 章操作。

4.5 样本储藏

按照 QX/T 90—2008 第 10 章操作。

4.6 样本运输

按照 QX/T 90—2008 第 10 章操作。

5 样本预处理

5.1 样本固定

5.1.1 确保树芯样本木质纤维垂直于样本板的细槽,再使用对木质无影响的水溶性胶粘贴树芯样本。

5.1.2 用细绳将树芯样本与样本板捆扎牢固。

5.2 样本打磨

5.2.1 水溶性胶晾干后,拆去捆扎树芯样本的细绳。

5.2.2 按照先用粗砂纸、再用细砂纸的顺序,打磨树芯样本表面直至平整、光滑、明亮时为止。所选砂纸型号按照 GB 9258—1998 的规定。

5.3 样本选择

选择树轮清晰,样本表面完整、无缺损和扭曲、少断裂和污迹,树轮宽度和色泽没有因生长异常发生不规律变化的树芯样本。

5.4 标记年轮

5.4.1 将树芯样本从最靠近树皮的年轮向髓心方向计数。

5.4.2 用细针在样本表面扎下小点作为标志。每到公元整十年标记一个点"·",每到公元整五十年标记两个点"：",每到公元整一百年标记三个点"："。

5.4.3 记录树芯样本的树龄,以及窄年轮和伪年轮出现的年份。

6 灰度资料获取

6.1 灰度图像获取

6.1.1 扫描树芯样本前,应确保扫描仪反射平台的清洁。

6.1.2 扫描树芯样本前,应对扫描仪进行图像校准。

6.1.3 扫描树芯样本时,应保持仪器电压恒定。

6.1.4 启动树轮图像分析系统后,选择所需树轮宽度和灰度数据的种类,即树轮年轮宽度、树轮早材宽度、树轮晚材宽度,共3种树轮宽度数据,以及树轮平均灰度、树轮早材平均灰度、树轮晚材平均灰度、树轮最大灰度、树轮最小灰度,共5种树轮灰度数据。

6.1.5 设定扫描参数,确定树轮早、晚材发生转换的灰度值和扫描精度,扫描精度不小于1600 dpi。

6.1.6 将树芯样本正面向下,水平放置于扫描仪的扫描区域后,开始扫描并获取灰度图像。

6.1.7 检查树芯样本灰度图像质量。如图像不清晰、重影,则应重新扫描。

6.1.8 树芯样本灰度图像文件宜保存为tiff格式。

6.2 灰度数据获取

6.2.1 利用树轮图像分析系统中的树轮图像分析软件,在已获取的树芯样本灰度图像上手动设定路径。

6.2.2 调整路径面积的大小,使路径的长度和宽度均不超过图像上树芯样本的实际长度和宽度。

6.2.3 路径应避开树芯样本灰度图像上的树脂道、划痕、受损点以及颜色变化异常的区域。如无法避开,则记录此类情况在图像上出现的对应年份。

6.2.4 对照树芯样本灰度图像上的标记,在路径内对图像上的树轮进行逐年标识。

6.2.5 树轮图像分析软件将自动分析路径内经过逐年标识的树芯样本灰度图像并生成所选择的树轮宽度和灰度数据。

7 数据格式

树轮图像分析软件所生成的树轮宽度和灰度数据的格式应转换成为国际树木年轮数据库的标准格式(tuson format),见图1。

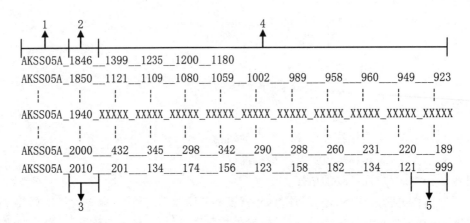

说明：

1——代号：位于第 1 列，宽度为 8 个字符，用英文字母和阿拉伯数字表示，代号宽度不足 8 个字符则用空格"_"
　　划齐；

2——起始年份：位于第 2 列的首行处，宽度为 4 个字符且与其后树轮数据有 1 个字符的间隔，用最靠近树木髓心处
　　树轮对应的公历年份表示；

3——年代：位于除首行外的第 2 列，宽度为 4 个字符且与其后树轮数据有 1 个字符的间隔，用一系列间隔十年的公
　　历年代表示；

4——树轮数据：位于第 3 列至第 12 列，宽度为 59 个字符，其中每个数据占 5 个字符宽度且数据间有 1 个字符的间
　　隔，用阿拉伯数字表示，数据宽度不足 5 个字符则用空格"_"划齐；

5——结尾：位于树轮数据的最后，用数据 999 表示且与前一个树轮数据有 3 个字符的间隔。

图 1　国际树木年轮数据库标准格式示意图

8　交叉定年

8.1　树轮宽度数据交叉定年及检验

通过比较每条树芯样本间图像和树轮宽窄变化，结合国际树木年轮数据库的 COFECHA 交叉定年
质量控制程序的运行结果，确定每条树芯样本缺失轮、伪轮、生长异常轮的年份。

8.2　树轮灰度数据交叉定年

以树轮宽度数据交叉定年检验结果为标准，确定树芯样本树轮灰度数据中缺失轮、伪轮、生长异常
轮出现的年份。

9　质量控制

9.1　当所选树种的边材和心材有明显颜色差异且界限清晰时，应对心材部分每一个树轮的灰度数据进
行校正。宜使用如下校正公式，

$$h_i' = h_i + (S - H) \qquad\qquad\cdots\cdots\cdots\cdots\cdots(1)$$

式中：

h_i'——校正后心材部分某一年轮灰度数据；

h_i——校正前心材部分某一年轮灰度数据；

S——边材部分所有树轮灰度数据的平均值；

H——心材部分所有树轮灰度数据的平均值。

9.2　从树轮图像分析系统中获取的树轮灰度数据取值范围为 0～255，共 256 个值。当校正后某树芯

样本的某年份树轮灰度数据大于 255,则视为异常值。

10 年表建立

10.1 将缺失轮、伪轮、生长异常轮以及路径中出现树脂道、划痕、受损点、颜色变化异常的对应年轮的灰度值作缺省值处理,由国际树木年轮数据库的 ARSTAN 年表研制程序进行插值处理。

10.2 使用 ARSTAN 程序提供的多种方法,对经过订正的树轮灰度数据进行拟合,最终生成每种树轮灰度参数的 3 种树轮年表,即标准化年表(STD)、差值年表(RES)、自回归标准化年表(ARS)。

ICS 07.060
A 47
备案号：37799—2012

中华人民共和国气象行业标准

QX/T 154—2012

露天建筑施工现场不利气象条件
与安全防范

Adverse meteorological conditions and precautionary safety measures for
operations on open-air construction sites

2012-08-30 发布   2012-11-01 实施

中 国 气 象 局 发布

前　言

本标准按照 GB/T 1.1—2009 给出的规则起草。

本标准由全国气象防灾减灾标准化技术委员会(SAC/TC 345)提出和归口。

本标准起草单位:重庆市气象局、重庆城建控股(集团)有限责任公司。

本标准主要起草人:唐家萍、李良福、李家启、吴江、谭畅、危接来、王俊如、盖长松、申学勤。

露天建筑施工现场不利气象条件与安全防范

1 范围

本标准界定了对露天建筑施工现场施工人员人身安全有危害的不利气象条件,规定了在不利气象条件下露天建筑施工现场施工人员人身安全保障的具体要求。

本标准适用于露天建筑施工现场施工人员对不利气象条件的安全防范。

2 规范性引用文件

下列文件对于本文件的应用是必不可少的。凡是注日期的引用文件,仅注日期的版本适用于本文件。凡是不注日期的引用文件,其最新版本(包括所有的修改单)适用于本文件。

JGJ 33—2001 建筑机械使用安全技术规程

3 术语和定义

下列术语和定义适用于本文件。

3.1

建筑施工 building operation

包括普工施工、木工(模板工)施工、钢筋工施工、混凝土工施工、架子工施工、电工施工、起重工施工、电(气)焊工施工、砌筑工施工、抹灰工施工、石工施工、油漆工施工和管道工施工的民用建筑施工。

3.2

不利气象条件 adverse meteorological condition

在露天建筑施工点对施工人员人身安全构成威胁或影响的天气,主要包括风、降水、空气温度、雷电、雾、沙尘暴、雪和冰雹。

4 风及其安全防范

4.1 风力等级划分

参见表 A.1。

4.2 风力 3 级

电(气)焊施工采取有效挡风措施,不能采取有效挡风措施的应停止作业。

4.3 风力 4 级

4.3.1 电(气)焊施工应停止作业。

4.3.2 土方施工应停止土方开挖、回填等容易产生扬尘的作业;对集中存放的容易扬尘物料采取覆盖或者固化措施。

4.3.3 建筑机械施工应按照 JGJ 33—2001,4.4.18 中(3)的要求进行作业。

4.3.4 抹灰施工应停止筛制砂料、石灰作业。

4.4 风力5级

4.4.1 清理现场施工应停止伐树作业。

4.4.2 建筑机械施工应按照 JGJ 33—2001 中 4.4.20 和 6.11.8 的要求进行作业。

4.4.3 液压滑动模板施工应停止滑模装置的拆除作业。

4.4.4 电气工程除经常维护外,应加强对电气设备的巡视和检查[GB 50194—1993,8.0.13]。

4.4.5 高处作业中露天悬空与攀登高处作业应采取有效保护措施,不能有效保障安全的宜暂停施工。

4.5 风力6级

4.5.1 施工现场应加强对建筑物防护和施工场所的安全管理,加固临时搭建物,防范在建工程、临时工棚倒塌。

4.5.2 建筑机械施工应加强对塔吊、物料提升机等垂直运输设备的基础稳固及拉结装置的检查,并按照 JGJ 33—2001 中 4.4.19 中的(8)、6.12.18 和 7.1.13 中的要求进行作业。

4.5.3 液压滑动模板施工应停止作业。

4.5.4 高处作业不得进行露天攀登与悬空高处作业。强风过后,应对高处作业安全设施逐一检查,发现有松动、变形、损坏或脱落等现象,应立即修理完善或重新设置[JGJ 80—1991,2.0.7]。

4.6 风力7级及7级以上

4.6.1 建筑机械施工应将打桩机顺风向停置,并增加揽风绳,或将桩立柱放倒地面上。打桩机立柱长度在 27 m 及其以上时,应提前放倒。

4.6.2 应停止一切施工作业。

5 降雨及其安全防范

5.1 降雨等级划分

参见表 A.2。

5.2 小雨

5.2.1 电(气)焊施工应停止作业。

5.2.2 清理现场施工应停止伐树作业。

5.2.3 建筑机械施工应采取以下措施:
——停止塔式起重机拆装作业;
——平板拖车装卸车时,采取防滑措施。

5.2.4 电气工程施工应采取以下措施:
——停止进行接地电阻测试、电气绝缘测试和系统调试;
——停止露天使用手持电动工具。

5.2.5 高处作业应采取以下措施:
——吊装作业扩大地面禁行范围;
——采取可靠的防滑措施,不能采取有效措施的暂停施工;
——停止脚手架搭设与拆除作业,雨后上架作业有防滑措施。

5.3 中雨

5.3.1 土方工程施工应停止开挖基槽和管沟,加强边坡防护。

5.3.2 高处作业中吊装作业应增派人手进行地面范围警戒。

5.4 大雨

5.4.1 土方工程施工应停止作业。

5.4.2 建筑机械施工应停止以下施工作业：
——起重吊装作业；
——升降机作业，并将梯笼降到最底层，切断电源。

5.4.3 高处作业应停止露天悬空与攀登高处作业。

5.4.4 浇筑砼施工应停止作业，已浇部位加以覆盖。

5.5 暴雨及其以上等级

5.5.1 施工现场安全管理应加固临时搭建物，防范在建工程、临时工棚倒塌。

5.5.2 建筑机械施工应检查塔吊、物料提升机等垂直运输设备的基础稳固及拉结装置。

5.5.3 电气工程施工应加强对电气设备的巡视和检查；巡视和检查时，必须穿绝缘靴且不得靠近避雷器和避雷针[GB 50194—1993,8.0.13]。

5.5.4 应停止一切施工作业。

6 空气温度及其安全防范

6.1 高温

6.1.1 日最高气温大于或等于35℃且小于37℃时，避免午后14时至18时高温时段露天作业，施工现场采取防暑降温措施。

6.1.2 日最高气温大于或等于37℃且小于40℃时，应停止午后12时至19时高温时段露天作业，因生产工艺要求必须在高温时段露天工作的，合理调整作息时间。

6.1.3 日最高气温大于或等于40℃，应停止午后11时至19时高温时段露天作业。

6.2 低温

6.2.1 气温小于5℃时，建筑机械施工中起重机司机室应设置安全可靠的采暖设备；高处作业人员宜佩戴防护手套、防滑鞋等防冻、防滑措施。

6.2.2 电气工程施工室外电缆作业时，应尽量在−5℃以上施工，否则采用电缆通电加热法施工，在加热前对电缆的绝缘性进行全面检测合格方可施工。

7 雷电及其安全防范

雷电天气来临时，所有露天高空作业人员撤至地面，人体不宜接触防雷装置、各种金属管线和金属物体。施工现场内应停止以下施工作业：
——液压滑动模板施工作业及滑模装置的安装、拆卸作业；
——带电作业；
——高处作业；
——桩工及水工机械作业；
——线路架设及防雷系统安装作业。

8 雾及其安全防范

8.1 雾的等级划分

参见表 A.3。

8.2 大雾

8.2.1 液压滑动模板施工应停止液压滑动模板装置的拆除作业。

8.2.2 电气工程施工时,应加强对电气设备的巡视和检查;巡视和检查时,必须穿绝缘靴且不得靠近避雷器和避雷针[GB 50194—1993,8.0.13]。

8.2.3 高处作业应停止脚手架搭设与拆除作业。

8.3 浓雾

8.3.1 清理现场施工应停止伐树作业。

8.3.2 建筑机械施工应停止以下施工作业:
——起重吊装作业;
——升降机作业,并将梯笼降到底层,切断电源;
——桩工及水工机械作业。

8.4 强浓雾

8.4.1 建筑机械施工应停止塔式起重机的拆装作业。

8.4.2 高处作业应停止作业。

8.5 特强浓雾

应停止一切施工作业。

9 沙尘暴及其安全防范

9.1 沙尘暴等级划分

参见表 A.4。

9.2 扬沙

9.2.1 清理现场施工应停止伐树作业。

9.2.2 建筑机械施工应停止以下施工作业:
——塔式起重机内爬升作业;
——自立式起重架作业,将吊笼降至地面。

9.2.3 液压滑动模板施工应停止液压滑动模板装置的拆除作业。

9.2.4 高处作业应采取以下措施:
——露天悬空与攀登高处作业采取有效保护措施,不能有效保障安全的暂停施工;
——停止脚手架搭设与拆除作业。

9.3 沙尘暴及其以上等级

9.3.1 施工现场应加固临时搭建物,妥善安置易受沙尘暴影响的室外物品。

9.3.2 应停止一切施工作业。

10 雪及其安全防范

10.1 降雪等级划分

参见表 A.5。

10.2 小雪

10.2.1 电(气)焊施工应停止作业。

10.2.2 清理现场施工应停止伐树作业。

10.2.3 建筑机械施工应采取以下措施:

——停止塔式起重机的拆装作业;

——平板拖车装卸车时,采取防滑措施。

10.2.4 液压滑动模板施工应停止液压滑动模板装置的拆除作业。

10.2.5 电气工程施工时,应加强对电气设备的巡视和检查;巡视和检查时,必须穿绝缘靴且不得靠近避雷器和避雷针[GB 50194—1993,8.0.13]。

10.2.6 高处作业应停止脚手架搭设与拆除作业。雪后上架作业应有防滑措施,并应扫除积雪[JGJ 130—2011,9.0.8]。

10.3 中雪

高处作业应停止作业。

10.4 大雪及其以上等级

10.4.1 施工现场应加强对建筑物防护和施工场所的安全管理,加固临时搭建物,防范在建工程、临时工棚倒塌。

10.4.2 建筑机械施工应采取以下措施:

——开展对塔吊、物料提升机等垂直运输设备的基础稳固及拉结装置的检查;

——停止起重吊装作业。

10.4.3 高处作业不得进行露天攀登与悬空高处作业。雪后应对高处作业安全设施逐一检查,发现有松动、变形、损坏或脱落、漏雨、漏电等现象,应立即修理完善或重新设置[JGJ 80—1991,2.0.7]。

10.4.4 应停止一切施工作业。

11 冰雹及其安全防范

应停止一切施工作业,雹后对输电线路等露天电气设备进行巡视检查。

附　录　A

（资料性附录）

气象要素等级划分

各气象要素等级见表A.1～表A.5。

表A.1　蒲福风力等级表

风力等级	名称	海面状况		海岸船只征象	陆地地面征象	相当于空旷平地上标准高度10 m处的风速		
		海浪						
		一般 m	最高 m			mile/h	m/s	km/h
0	静稳	——	——	静	静,烟直上	<1	0～0.2	<1
1	软风	0.1	0	平常渔船略觉摇动	烟能表示风向,但风向标不能动	1～3	0.3～1.5	1～5
2	轻风	0.2	0	渔船张帆时,每小时可随风移行2 km～3 km	人面感觉有风,树叶微响,风向标能转动	4～6	1.6～3.3	6～11
3	微风	0.6	1	渔船渐觉颠簸,每小时可随风移行5 km～6 km	树叶及微枝晃动不息,旌旗展开	7～10	3.4～5.4	12～19
4	和风	1	2	渔船满帆时,可使船身倾向一侧	能吹起地面灰尘和纸张,树的小枝晃动	11～16	5.5～7.9	20～28
5	清劲风	2	3	渔船缩帆(即收去帆之一部)	有叶的小树摇摆,内陆的水面有小波	17～21	8.0～10.7	29～38
6	强风	3	4	渔船加倍缩帆,捕鱼须注意风险	大树枝摇动,电线呼呼有声,举伞困难	22～27	10.8～13.8	39～49
7	疾风	4	6	渔船停泊港中,在海者下锚	全树摇动,迎风步行感觉不便	28～33	13.9～17.1	50～61
8	大风	5.5	8	进港的渔船皆停留不出	微枝折毁,人行向前感觉阻力甚大	34～40	17.2～20.7	62～74
9	烈风	7	10	汽船航行困难	建筑物有小损(烟囱顶部及平屋摇动)	41～47	20.8～24.4	75～88
10	狂风	9	13	汽船航行颇危险	陆上少见,见时可使树木拔起或使建筑物损坏严重	48～55	24.5～28.4	89～102
11	暴风	12	16	汽船遇之极危险	陆上很少见,有则必有广泛损坏	56～63	28.5～32.6	103～117

表 A.1 蒲福风力等级表(续)

风力等级	名称	海面状况		海岸船只征象	陆地地面征象	相当于空旷平地上标准高度 10 m 处的风速		
		海浪				mile/h	m/s	km/h
		一般 m	最高 m					
12	飓风	14	—	海浪滔天	陆上绝少见,摧毁力极大	64~71	32.7~36.9	118~133
13	—	—	—	—	—	72~80	37.0~41.4	134~149
14	—	—	—	—	—	81~89	41.5~46.1	150~166
15	—	—	—	—	—	90~99	46.2~50.9	167~183
16	—	—	—	—	—	100~108	51.0~56.0	184~201
17	—	—	—	—	—	109~118	56.1~61.2	202~220

注:表 A.1 引自 GB/T 19201—2006 表 A.1。

表 A.2 降雨等级

等级	时段降雨量	
	12 小时降雨量/mm	24 小时降雨量/mm
微量降雨(零星小雨)	<0.1	<0.1
小雨	0.1~4.9	0.1~9.9
中雨	5.0~14.9	10.0~24.9
大雨	15.0~29.9	25.0~49.9
暴雨	30.0~69.9	50.0~99.9
大暴雨	70.0~139.9	100.0~249.9
特大暴雨	≥140.0	≥250.0

表 A.3 雾等级

等级	水平能见度/m
轻雾	1000~10000
大雾	500~1000
浓雾	200~500
强浓雾	50~200
特强浓雾	<50

表 A.4　沙尘暴等级

等级	天气现象
浮尘	当天气条件为无风或平均风速小于或等于 3.0 m/s 时,尘沙浮游在空中,使水平能见度小于 10.0 km 的天气现象。
扬沙	风将地面尘沙吹起,使空气相当混浊,水平能见度在 1.0 km～10.0 km 以内的天气现象。
沙尘暴	强风将地面尘沙吹起,使空气很混浊,水平能见度在 0.5 km～1.0 km 以内的天气现象。
强沙尘暴	大风将地面尘沙吹起,使空气非常混浊,水平能见度在 0.05 km～0.5 km 以内的天气现象。
特强沙尘暴	狂风将地面尘沙吹起,使空气特别混浊,水平能见度小于 0.05 km 的天气现象。

注:表 A.4 内容引自 GB/T 20480—2006。

表 A.5　降雪等级

等级	24 小时降雪量/mm
微量降雪(零星小雪)	<0.1
小雪	0.1～2.4
中雪	2.5～4.9
大雪	5.0～9.9
暴雪	10.0～19.9
大暴雪	20.0～29.9
特大暴雪	≥30.0

参 考 文 献

[1] GB 6067—1985 起重机械安全规程
[2] GB/T 19201—2006 热带气旋等级
[3] GB/T 20480—2006 沙尘暴天气等级
[4] GB 50194—1993 建设工程施工现场供用电安全规范
[5] GB 50203—2002 砌体工程施工质量验收规范
[6] JGJ 46—2005 施工现场临时用电安全技术规范
[7] JGJ 65 —1989 液压滑动模板施工安全技术规程
[8] JGJ 80—1991 建筑施工高处作业安全技术规范
[9] JGJ 104—1997 建筑工程冬季施工规程
[10] JGJ 130—2011 建筑施工扣件式钢管脚手架安全技术规范
[11] QX/T 48—2007 地面气象观测规范 第4部分:天气现象观测
[12] QX/T 51—2007 地面气象观测规范 第7部分:风向和风速的观测
[13] QX/T 76—2007 高速公路能见度监测及浓雾的预警预报
[14]《大气科学辞典》编委会.大气科学辞典.北京:气象出版社.1994

ICS 07. 060
A 47
备案号：37800—2012

QX

中华人民共和国气象行业标准

QX/T 155—2012

飞机气象观测数据归档格式

Archive format for aircraft meteorological observational data

2012-08-30 发布

2012-11-01 实施

中 国 气 象 局 发 布

前　言

本标准按照 GB/T 1.1—2009 给出的规则起草。

本标准由全国气象基本信息标准化技术委员会(SAC/TC 346)提出并归口。

本标准起草单位:国家气象信息中心。

本标准主要起草人:廖捷、王颖、胡开喜、朱艳君。

引　言

为了规范飞机气象观测数据及相关背景信息的归档、存储、管理和使用,制定统一和规范的飞机气象观测数据归档格式至关重要。

飞机气象观测数据归档格式

1 范围

本标准规定了商用飞机气象观测数据的归档文件命名方法及存储格式。

本标准适用于商用飞机气象观测报告各气象要素的归档和管理。

本标准不适用于人工影响天气等其他类型飞机观测获得的数据的归档和管理。

2 规范性引用文件

下列文件对于本文件的应用是必不可少的。凡是注日期的引用文件,仅注日期的版本适用于本文件。凡是不注日期的引用文件,其最新版本(包括所有的修改单)适用于本文件。

QX/T 102—2009 气象资料分类与编码

QX/T 118—2010 地面气象观测资料质量控制

3 术语和定义

下列术语和定义适用于本文件。

3.1

飞机气象观测 aircraft meteorological observation

利用飞机携带的气象观测仪器进行的高空气象观测。

3.2

飞机标识符 aircraft identifier

国际民航组织规定的飞机注册号。

3.3

飞机—卫星数据中继 aircraft to satellite data relay;ASDAR

利用地球同步轨道卫星建立的飞机与地面的通信线路。

3.4

飞机通信寻址与报告系统 aircraft communication addressing and reporting system;ACARS

基于甚高频的双向机载数据通信系统。

4 数据文件命名

4.1 飞机气象观测数据的归档文件为文本文件,文件名由数据集代码(DATASET)、数据所属时间(YYYYMMDDHH)和文件格式属性(TXT)三部分组成。

4.2 数据集代码和数据所属时间用分隔符"-"连接,数据所属时间和文件格式属性用分隔符"."连接。

4.3 数据集代码代表数据集的分类属性,应按 QX/T 102—2009 制定。

4.4 全球飞机气象观测数据的数据集代码为 UPAR_ARD_GLB_FTM。其中:

UPAR——大类属性,表示高空气象资料;

ARD ——内容属性,表示飞机观测;

GLB ——区域属性,表示全球;

FTM ——时间属性,表示某一时刻的瞬时值。

4.5 中国飞机气象观测数据的数据集仅包含在中国内地地区注册的飞机观测的气象数据,数据集代码为 UPAR_ARD_CHN_FTM。其中:

UPAR ——大类属性,表示高空气象资料;

ARD ——内容属性,表示飞机观测;

CHN ——区域属性,表示中国;

FTM ——时间属性,表示某一时刻的瞬时值。

4.6 数据所属时间为 YYYYMMDDHH 对应的文件包含了观测时间在该时次 00 分到 59 分范围内所有的飞机观测气象数据。其中:

YYYY ——数据所属年份;

MM ——数据所属月份,位数不足,高位补"0";

DD ——数据所属日期,位数不足,高位补"0";

HH ——数据所属时次,位数不足,高位补"0"。

4.7 TXT 为固定字符,表示文件为文本格式。

5 数据文件格式

5.1 数据文件内容

飞机气象观测数据文件为顺序文本格式数据文件,包含了某个时间段不同飞机观测获得的若干条观测记录,各时间段的开始时间为 00 分,结束时间为 59 分。每条记录包含 21 组数据,其中第 1 组至第 10 组数据为观测辅助参数,第 11 组至第 15 组数据为观测数据,第 16 组至第 21 组数据为质量控制信息。各组数据的间隔符为 1 个半角空格,详细结构如下:

CCCC $I_AI_AI_AI_AI_AI_AI_A$ S_1S_1 S_2S_2 S_3S_3 YYYYMMDDHHmm $L_aL_aL_aL_aL_aL_a$ $L_oL_oL_oL_oL_oL_oL_o$ $h_Ph_Ph_Ph_Ph_P$ i_Pi_P $T_AT_AT_AT_AT_AT_A$ ddd fff $f_gf_gf_gf_gf_gf_g$ B_AB_A Q1 Q2 Q3 Q4 Q5 Q6

......

各组数据的代码、数据组名、长度、字符位置、类型、单位和缺测值见表 1。

表 1 飞机气象观测数据文件结构

数据组号	代码	数据组名	长度	字符位置	类型	单位	缺测值
1	CCCC	编报中心	4	1～4	字符型		////
2	$I_AI_AI_AI_AI_AI_AI_A$	飞机标识符	7	6～12	字符型		///////
3	S_1S_1	导航系统类型	2	14～15	整型		99
4	S_2S_2	传输系统类型	2	17～18	整型		99
5	S_3S_3	温度观测精度代码	2	20～21	整型		99
6	YYYYMMDDHHmm	观测时间(世界时,YYYY、MM、DD、HH 和 mm 分别代表年、月、日、时和分钟)	12	23～34	字符型		年缺测值为////,月、日、时和分缺测值为//
7	$L_aL_aL_aL_aL_aL_a$	纬度	6	36～41	实型	度	999999
8	$L_oL_oL_oL_oL_oL_oL_o$	经度	7	43～49	实型	度	9999999

表1 飞机气象观测数据文件结构(续)

数据组号	代码	数据组名	长度	字符位置	类型	单位	缺测值
9	$h_P h_P h_P h_P h_P$	气压高度	5	51~55	整型	米	99999
10	$i_P i_P$	飞行状态标志	2	57~58	整型		99
11	$T_A T_A T_A T_A T_A T_A$	气温	6	60~65	实型	摄氏度	999999
12	ddd	风向	3	67~69	整型	方位度	999
13	fff	风速	3	71~73	整型	米每秒	999
14	$f_g f_g f_g f_g f_g f_g$	最大等价垂直阵风风速	6	75~80	实型	米每秒	999999
15	$B_A B_A$	湍流指示码	2	82~83	整型		99
16	Q1	位置质量控制码,标识观测数据对应的空间位置是否准确	1	85	整型		
17	Q2	温度质量控制码	1	87	整型		
18	Q3	风向质量控制码	1	89	整型		
19	Q4	风速质量控制码	1	91	整型		
20	Q5	最大等价垂直阵风风速质量控制码	1	93	整型		
21	Q6	湍流指示码质量控制码	1	95	整型		

5.2 观测辅助参数

观测辅助参数部分的各组数据格式如下:

a) 编报中心:由4位大写英文字符组成,参见《气象观测报告的解码规则与算法》,缺测值用////代替。

b) 飞机标识符:由7位英文、阿拉伯数字或横杠组成,位数不足,高位补空,缺测值用///////代替。

c) 导航系统类型:由2位数字组成,为整型数值,位数不足,高位补空。取值0或1,0表示惯性导航系统,1表示OMEGA导航系统,缺测值用99代替。

d) 传输系统类型:由2位数字组成,为整型数值,位数不足,高位补空。取值为0~5,缺测值用99代替。各取值的含义如下:

0:ASDAR系统;

1:ASDAR系统(ACARS系统也可用,但不运行);

2:ASDAR系统(ACARS系统也可用并运行);

3:ACARS系统;

4:ACARS系统(ASDAR系统也可用,但不运行);

5:ACARS系统(ASDAR系统也可用并运行)。

e) 温度观测精度代码:由2位数字组成,为整型数值,位数不足,高位补空。取值0或1,0表示精度低(精度接近2℃),1表示精度高(精度接近1℃),缺测值用99代替。

f) 观测时间:世界时,由12位数字组成,其中"年"占4位,"月"、"日"、"时"、"分"各占两位,位数不足,高位补"0","年"缺测值用////代替,"月"、"日"、"时"、"分"缺测值用//代替。

g) 纬度：由 6 位数字组成，为实型数值，保留两位小数，位数不足，高位补空格。单位为度（°），南纬为负值，北纬为正值，缺测值用 999999 代替。

h) 经度：由 7 位数字组成，为实型数值，保留两位小数，位数不足，高位补空格。单位为度（°），东经为正值，西经为负值，缺测值用 9999999 代替。

i) 气压高度：由 5 位数字组成，为整型数值，位数不足，高位补空格。单位为米（m），缺测值用 99999 代替。

j) 飞行状态标志：由 2 位数字组成，为整型数值，位数不足，高位补空格。在平飞状态下定时观测取值为 1，在平飞状态下遇到大风观测取值为 2，在上升状态下观测取值为 3，在下降状态下观测取值为 4，在不稳定状态下观测取值为 5，缺测或其他状态，取值为 99。

5.3 观测数据

观测数据部分的各组数据格式如下：

a) 气温：由 6 位数字组成，为实型数值，位数不足，高位补空格。单位为摄氏度（℃），保留一位小数，缺测值用 9999.0 代替。

b) 风向：由 3 位数字组成，为整型数值，位数不足，高位补空格。取方位度（°），以正北为 0°，全方位为 360°，顺时针旋转，例如风向为 90°和 270°，即东风和西风，缺测值用 999 代替。

c) 风速：由 3 位数字组成，为整型数值，位数不足，高位补空格。单位为米每秒（m/s），缺测值用 999 代替。

d) 最大等价垂直阵风风速：由 6 位数字组成，为实型数值，位数不足，高位补空格。单位为米每秒（m/s），保留一位小数，缺测值用 9999.0 代替。该要素的定义参见美国联邦航空规章。

e) 湍流指示码：由 2 位数字组成，为整型数值，位数不足，高位补空格。取值为 0～3，缺测值用 99 代替。各取值含义如下：

0：无湍流，加速度小于 0.15 个重力加速度，通常对应的最大等价垂直阵风风速小于 2 m/s。

1：轻度湍流，加速度在 0.15～0.5 个重力加速度，通常对应的最大等价垂直阵风风速在 2 m/s～4.5 m/s。

2：中等强度湍流，加速度在 0.5～1.0 个重力加速度，通常对应的最大等价垂直阵风风速在 4.5 m/s～9 m/s。

3：强湍流，加速度大于 1.0 个重力加速度，通常对应的最大等价垂直阵风风速大于 9 m/s。

5.4 质量控制信息

按照 QX/T 118—2010 确定质量控制码的表示方法。质量控制码及其含义见表 2。

表 2 质量控制码及其含义

质量控制码	含义
0	正确
1	可疑
2	错误
8	缺测
9	未作质量控制

质量控制码为 1 位整型数值，各质量控制码的间隔符为 1 个半角空格。

参 考 文 献

［1］ 高华云,应显勋,高峰,等.气象观测报告的解码规则与算法.北京:气象出版社,2006

［2］ 中国标准研究中心.信息分类与编码国家标准汇编——通用与基础标准卷.北京:中国标准出版社,2000

［3］ FAA (Federal Aviation Administration). Regulation 14 CFR 121. 344 for Flight Data Recorders. 2000

［4］ WMO. Aircraft Meteorological Data Relay (AMDAR) Reference Manual. WMO,Geneva, Switzerland,2003

［5］ WMO. INFOCLIMA catalogue of Climate System Data Set. WCDP-5 Report,WMO/TD-No. 293,1989

［6］ WMO. WMO Manual on Codes,International Codes,Vol. I. 1 (Annex II to WMO Technical Regulations),Part A-Alphanumeric Codes. WMO-No. 306,1995

ICS 07.060
A 47
备案号：37801—2012

中华人民共和国气象行业标准

QX/T 156—2012

风自记纸数字化文件格式

Digitalized file format of wind autographic–recording chart

2012-08-30 发布

2012-11-01 实施

中 国 气 象 局 发布

前　言

本标准按照 GB/T 1.1—2009 给出的规则起草。

本标准由全国气象基本信息标准化技术委员会(SAC/TC 346)提出并归口。

本标准起草单位:河北省气候中心。

本标准主要起草人:秦莉、赵黎明、谷永利。

风自记纸数字化文件格式

1 范围

本标准规定了风自记纸数字化文件格式。

本标准适用于 EL 型电接风向风速计、达因式风向风速计自记纸的数字化处理。

2 规范性引用文件

下列文件对于本文件的应用是必不可少的。凡是注日期的引用文件,仅注日期的版本适用于本文件。凡是不注日期的引用文件,其最新版本(包括所有的修改单)适用于本文件。

QX/T 51—2007 地面气象观测规范 第 7 部分:风向和风速观测

3 术语和定义

QX/T 51—2007 界定的以及下列术语和定义适用于本文件。

3.1

风自记纸 **wind autographic-recording chart**

记录风向和风速连续变化情况的专用记录纸。

3.2

指示码 **indicator flag**

数据文件中标识气象要素名称或数据类别的字符。

[QX/T 119—2010,定义 2.1]

3.3

方式位 **format flag**

数据文件中标识某气象要素资料内容和数据格式的字符。

[QX/T 119—2010,定义 2.2]

4 符号和代号

下列符号和代号适用于本文件。

ddd:风向。

Fh:时、日数据文件标识符。

Fm:分钟数据文件标识符。

F0:分钟数据文件的指示码与方式位。

FX:时、日数据文件的指示码与方式位。当数据来自 EL 型电接风向风速计的自记纸时,X 为 E;当数据来自达因式风向风速计的自记纸时,X 为 D。

GGgg:最大、极大风速出现的时间。用 4 位阿拉伯数字表示,前 2 位为时,后 2 位为分钟,位数不足时,高位补"0"。

$H_1H_1H_1H_1H_1H_1$:观测场海拔高度。第 1 位为海拔高度参数,实测为"0",约测为"1"。后 5 位为海

拔高度,用阿拉伯数字表示,单位为分米,位数不足时,高位补"0"。若测站位于海平面以下,第2位用
"-"表示。

  $H_2H_2H_2$:风速感应器距地(平台)高度。用3位阿拉伯数字表示,单位为分米,位数不足时,高位补
"0"。

  $H_3H_3H_3$:观测平台距地高度。用3位阿拉伯数字表示,单位为分米,位数不足时,高位补"0"。

  IIiii:区站号。用5位拉丁字母或阿拉伯数字表示,前2位为区号,后3位为站号。

  LLLLLL:经度。前5位用阿拉伯数字表示,1～3位为度,4～5位为分,位数不足时,高位补"0"。
最后一位为"E"或"W",分别表示东经、西经。

  MM:资料月份。用2位阿拉伯数字表示,位数不足时,高位补"0"。

  QQQQQ:纬度。前4位用阿拉伯数字表示,1～2位为度,3～4位为分,位数不足时,高位补"0"。
最后一位为"S"或"N",分别表示南纬、北纬。

  TXT:文件扩展名。

  X:风自记仪器类型。与FX中的X规定一致。

  xxx:风速。

  YYYY:资料年份。用4位阿拉伯数字表示。

  ,〈CR〉:小时数据结束符。

  .〈CR〉:日数据结束符。

  =〈CR〉:月数据结束符。

5　一般规定

5.1　风自记纸数字化处理以北京时20时为日界。

5.2　风向方位用3位英文字母表示,位数不足时,高位补"P"。

5.3　风速记录用3位阿拉伯数字表示,以米每秒(m/s)为单位,取一位小数。位数不足时,高位补"0"。

5.4　当某时风自记记录缺测时,用其他风的自记记录代替;若无其他风的自记仪器时,应从正点前20
分钟至正点后10分钟内,取接近正点的10分钟平均风速和最多风向代替;若正点前20分钟至正点后
10分钟内的自记记录也缺测时,该时风向风速按缺测处理(若缺测一项,则当风速缺测时,风向亦按缺
测处理;当风向缺测时,风速照记)。当风向和(或)风速缺测时,用相应位数的缺测符"/"表示。

  当自记纸风速缺测发生在2003年12月31日之前,可用人工观测记录代替。当用人工观测记录代
替时,风速按取整数加900处理。

6　分钟数据文件格式(Fm文件)

6.1　文件名

  FmIIiii-YYYYMM.TXT

6.2　台站参数

  IIiii QQQQQ LLLLLL $H_1H_1H_1H_1H_1H_1$ $H_2H_2H_2$ $H_3H_3H_3$ X YYYY MM

6.3　指示码与方式位

  F0

6.4 观测数据

全月分钟数据由1段组成。每小时为1条,每条60组,每分钟为1组。各组数据间隔为1个半角空格。

示例:

dddxxx dddxxx dddxxx……dddxxx(60组),〈CR〉

dddxxx dddxxx dddxxx……dddxxx(60组),〈CR〉

dddxxx dddxxx dddxxx……dddxxx(60组),〈CR〉

……

dddxxx dddxxx dddxxx……dddxxx(60组).〈CR〉

……

dddxxx dddxxx dddxxx……dddxxx(60组)＝〈CR〉

6.5 文件结束符

??????

7 时、日数据文件格式(Fh文件)

7.1 文件名

FhIIiii-YYYYMM.TXT

7.2 台站参数

IIiii QQQQQ LLLLLL $H_1H_1H_1H_1H_1H_1$ $H_2H_2H_2$ $H_3H_3H_3$ X YYYY MM

7.3 指示码与方式位

FX

7.4 观测数据

全月时、日数据由2段组成。

第1段为时数据,即每小时正点前10分钟内出现次数最多的风向和平均风速。每日为1条,每条24组,每小时为1组。各组数据间隔为1个半角空格。

示例1:

dddxxx dddxxx dddxxx……dddxxx(24组).〈CR〉

dddxxx dddxxx dddxxx……dddxxx(24组).〈CR〉

dddxxx dddxxx dddxxx……dddxxx(24组).〈CR〉

……

dddxxx dddxxx dddxxx……dddxxx(24组)＝〈CR〉

第2段为日数据,即每日的最大风、极大风及出现时间。

当数据来自EL型电接风向风速计,即时、日数据文件的指示码与方式位中的X为E时,每日为1条,每条2组,第1组为每日最大风速及风向、第2组为每日最大风速出现的时间。各组数据间隔为1个半角空格。

示例2:

xxxddd GGgg.〈CR〉

xxxddd GGgg.〈CR〉

xxxddd GGgg.〈CR〉

……

xxxddd GGgg=〈CR〉

当数据来自达因式风向风速计,即时、日数据文件的指示码与方式位中的 X 为 D 时,每日为 1 条,每条 4 组,第 1 组、第 3 组分别为每日最大、极大风速及风向,第 2 组、第 4 组分别为每日最大、极大风速出现的时间。各组数据间隔为 1 个半角空格。

示例 3:

xxxddd GGgg xxxddd GGgg.〈CR〉

xxxddd GGgg xxxddd GGgg.〈CR〉

xxxddd GGgg xxxddd GGgg.〈CR〉

……

xxxddd GGgg xxxddd GGgg=〈CR〉

7.5 文件结束符

??????

参 考 文 献

[1]　QX/T 119—2010　气象数据归档格式　地面

ICS 07.060

A 47

备案号：37802—2012

中华人民共和国气象行业标准

QX/T 157—2012

气象电视会商系统技术规范

Technical specification for meteorological video conference system

2012-08-30 发布

2012-11-01 实施

中 国 气 象 局 发 布

前　言

本标准按照 GB/T 1.1—2009 给出的规则起草。

本标准由全国气象基本信息标准化技术委员会(SAC/TC 346)提出并归口。

本标准起草单位:国家气象信息中心。

本标准主要起草人:姚鸿、邓鑫、李春来、刘红梅、黄珣、梁小雨、路鸿、宋之光、纪俊云、郭栋、陈文琴、喻健斌、秦岩松、孔令军。

气象电视会商系统技术规范

1 范围

本标准规定了气象电视会商系统的组成、组网方式、基本要求、功能要求、性能要求和环境要求。
本标准适用于气象电视会商系统建设。

2 术语和定义

下列术语和定义适用于本文件。

2.1
气象电视会商系统 meteorological video conference system

为气象预报预测远程会商、会议、培训等提供视讯服务的系统。

2.2
多点控制单元 multipoint control unit;MCU

在气象电视会商系统中,用来控制多个视频会议终端用户相互通信,具有系统信令处理、音视频媒体数据交换等功能的设备。

3 缩略语

下列缩略语适用于本文件。

CIF　公共中间格式(Common Intermediate Format)

CODEC　编码解码器(Coder Decoder)

4 技术要求

4.1 系统组成

4.1.1 气象电视会商系统主要由控制系统、终端系统组成。

4.1.2 控制系统应由传输、信号切换控制、调度、视频点播等子系统组成。

4.1.3 终端系统应由音视频编解码器及其音视频、计算机信号的输入和输出设备组成。

4.2 组网方式

4.2.1 气象电视会商系统组网方式有 MCU 组网、音视频切换矩阵组网、点对点组网。

4.2.2 MCU 组网方式是各 CODEC 设备通过传输信道连接到 MCU,通过 MCU 实现切换。

4.2.3 音视频切换矩阵组网方式是各 CODEC 设备通过传输信道连接到音视频切换矩阵进行切换。

4.2.4 点对点组网是 CODEC 设备间通过传输信道直接连接,不经过 MCU 切换。

4.3 基本要求

气象电视会商系统应符合如下基本要求:

a) 系统设计具备先进性、稳定性、安全性、兼容性和可扩充性;

b) 系统应用软件具备易操作性、实用性和规范性；

c) 单独设置接地体时保护地线的接地电阻值不大于 4 Ω,采用联合接地体时不大于 1 Ω；

d) 网络传输信道具有服务质量(QoS)保证；

e) 系统使用同相不间断电源供电。

4.4 功能要求

4.4.1 气象电视会商系统应具有提供各会商现场间音视频互动交流、发言人的计算机信号广播功能。

4.4.2 控制系统各部分的功能应符合如下要求：

a) 传输系统具有实现音视频信号、计算机信号的双向传输功能；

b) 信号切换控制系统具有对音视频、计算机信号的分配、切换、监视及控制功能；

c) 会议调度系统具有中文管理界面,实现统一会议调度,至少同时召开两组会议,支持各会商现场画面广播和轮询功能；

d) 视频点播系统具有对会商或会议实况的录制及直播、点播功能。

4.4.3 终端系统的功能应符合如下要求：

a) CODEC 至少同时提供一路视频、一路计算机信号、一路语音输入及输出；

b) 具有对 CODEC 的本地和远程两种控制方式；

c) 话筒具备指向性,具有防风海绵罩、静音开关,且置于各扬声器的辐射角之外；

d) 提供自动和手动两种调整镜头亮度、色度、白平衡的方式；

e) 显示设备至少同时显示一路视频信号和一路计算机信号；

f) 采用大屏幕显示系统时,拼接系统具备拼接处理器及屏幕控制软件。

4.5 性能要求

气象电视会商系统的性能应符合如下要求：

a) 承载网络单向延时小于 400 ms,延时抖动小于 50 ms,丢包率小于 1‰；

b) 视频信号分辨率应达到 1280×720 及其以上,且帧率高于 25 帧/秒；

c) 计算机信号分辨率应达到 1024×768 及其以上,且帧率 10 帧/秒及其以上；

d) 系统兼容 CIF (352×288)、4CIF 格式；

e) MCU 支持多画面功能且至少支持四分屏；

f) MCU 支持混音、混速率、混协议；

g) MCU 支持两级及其以上级联,在符合系统安全要求前提下,上级与下级系统间具有可控的互操作性；

h) 发言人距离话筒 15 cm 以内讲话的声音效果清晰、无杂音、无回声、无啸叫；

i) 摄像头性能应与终端匹配,有效像素不低于 1280×720；

j) 摄像头具有平移、俯仰角调整功能,平移达到 ±100° 及其以上,俯仰达到 ±25° 及其以上；

k) MCU 和 CODEC 支持 7×24 小时运行,平均无故障时间大于 50000 小时。

4.6 环境要求

会商环境应符合下列要求：

a) 环境布置简洁、大方,墙壁及桌椅采用浅色色调；

b) 环境温度为 18 ℃～25 ℃,相对湿度为 60%～80%；

c) 环境空间按每人平均占用 2 m²～2.5 m² 计算；

d) 会商现场不应采用带轮座椅,临街的门窗宜采用双层结构；

e) 会商区域与其他工作区隔离,环境噪声小于 40 dB；

    f) 避免自然光,玻璃门窗用厚窗帘遮挡;

    g) 光源具有分组分控功能,且角度、明暗可调;

    h) 主席区的平均照度不低于 800 lx,一般区的平均照度不低于 500 lx,投影显示区照度不高于 80 lx;

    i) 摄像头安装在主席位及相关发言席位的前方,镜头下沿距离地面在 1.5 m～2.5 m,摄像取景距离在 3 m～7 m;

    j) 显示设备距地高度应大于 0.5 m。

参 考 文 献

[1] GB 50034—2004 建筑照明设计规范
[2] GB 50174—2008 电子信息系统机房设计规范
[3] GB 50635—2010 会议电视会场系统工程设计规范
[4] YD/T 5032—2005 会议电视系统工程设计规范
[5] YD/T 5135—2005 IP 视讯会议系统工程设计暂行规定

ICS 07.060
A 47
备案号：37803—2012

中华人民共和国气象行业标准

QX/T 158—2012

气象卫星数据分级

Classification of meteorological satellite data

2012-08-30 发布   2012-11-01 实施

中 国 气 象 局 发布

前　言

本标准按照 GB/T 1.1—2009 给出的规则起草。

本标准由全国卫星气象与空间天气标准化技术委员会(SAC/TC 347)提出并归口。

本标准起草单位：国家卫星气象中心。

本标准主要起草人：咸迪、钱建梅、徐喆、高云、刘立葳。

气象卫星数据分级

1 范围

本标准规定了气象卫星数据的分级原则和级别。

本标准适用于各种气象卫星数据的处理、存储和应用。

2 术语和定义

下列术语和定义适用于本文件。

2.1

原始数据 raw data

直接从星载探测仪器探测得到的,未经过处理的数据。

2.2

图像定位 image navigation

利用一系列的参数确定现在以及有限的未来时间内,卫星图像像元在地球上的位置。

2.3

辐射定标 radiometric calibration

建立探测器输入辐射量与输出值之间关系的过程。

3 数据分级

3.1 根据气象卫星数据处理流程(参见附录 A),将气象卫星数据分为五级,见表1。

表 1 气象卫星数据分级表

级 别	简写	分级原则
0 级	L0	由地面系统接收的卫星原始数据。
1 级	L1	0级数据经过质量检验和图像定位、辐射定标处理得到的基础数据。
2 级	L2	1级数据经过投影变换、反演或其他计算得到的各种应用数据。
3 级	L3	2级数据经过时间平均、累加等运算得到的统计数据或者通过人机交互处理得到的分析数据。
4 级	L4	利用2级或3级数据和各类天气气候模式产品等处理生成的再分析数据。

3.2 气象卫星数据分级与产品对照关系参见附录 B。

附 录 A
（资料性附录）
气象卫星数据处理流程图

气象卫星数据处理流程见图 A.1。

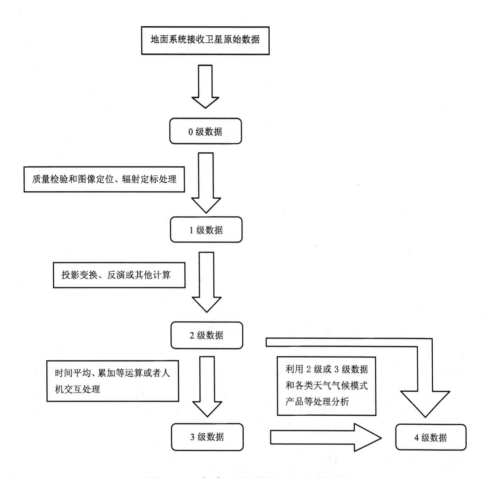

图 A.1 气象卫星数据处理流程图

附　录　B

（资料性附录）

气象卫星数据分级与产品对照表

气象卫星数据分级与产品对照见表 B.1。

表 B.1　气象卫星数据分级与产品对照表

序号	分级	产品名称	英文缩写
1	L0	FY-1 扫描辐射计 L0 数据	VISRL0
2	L0	FY-2 原始 VISSR 数据	RVS
3	L0	FY-3 扫描辐射计 L0 数据	VIRRL0
4	L0	FY-3 中分辨率光谱成像仪 L0 数据	MERSIL0
5	L0	FY-3 红外分光计 L0 数据	IRASL0
6	L0	FY-3 微波温度计 L0 数据	MWTSL0
7	L0	FY-3 微波湿度计 L0 数据	MWHSL0
8	L0	FY-3 微波成像仪 L0 数据	MWRIL0
9	L0	FY-3 紫外臭氧垂直探测仪 L0 数据	SBUSL0
10	L0	FY-3 紫外臭氧总量探测仪 L0 数据	TOUL0
11	L0	FY-3 地球辐射收支仪 L0 数据	ERML0
12	L0	FY-3 太阳辐射监测仪 L0 数据	SIML0
13	L0	FY-3 空间环境监测器 L0 数据	SEML0
14	L0	FY-3 扫描辐射计 L0 数据	VIRRL0
15	L0	FY-3 中分辨率光谱成像仪 L0 数据	MERSIL0
16	L1	FY-1 扫描辐射计 L1 数据	VISRL1
17	L1	FY-2 展宽 VISSR 数据	SVS
18	L1	FY-2 压缩的展宽数据	CSV
19	L1	FY-2 标称数据集	NOM
20	L1	FY-3 5°×5°全球分块数据	G05
21	L1	FY-3 10°×10°全球分块数据	G10
22	L1	FY-3 扫描辐射计 L1 数据	VIRRL1
23	L1	FY-3 扫描辐射计 L1 数据（OBC）	VIRRL1OBC
24	L1	FY-3 中分辨率光谱成像仪 L1 数据（250 m）	MERSIL1250M
25	L1	FY-3 中分辨率光谱成像仪 L1 数据（1 km）	MERSIL11000M
26	L1	FY-3 中分辨率光谱成像仪 L1 数据（OBC）	MERSIL1OBC
27	L1	FY-3 红外分光计 L1 数据	IRASL1
28	L1	FY-3 微波温度计 L1 数据	MWTSL1
29	L1	FY-3 微波湿度计 L1 数据	MWHSL1

表 B.1 气象卫星数据分级与产品对照表(续)

序号	分级	产品名称	英文缩写
30	L1	FY-3 微波成像仪 L1 数据	MWRIL1
31	L1	FY-3 紫外臭氧垂直探测仪 L1 数据	SBUSL1
32	L1	FY-3 紫外臭氧总量探测仪 L1 数据	TOUL1
33	L1	FY-3 地球辐射收支仪 L1 数据	ERML1
34	L1	FY-3 太阳辐射监测仪 L1 数据	SIML1
35	L2	大气湿度	AHP
36	L2	地表反照率	BRF
37	L2	北半球中国区域图	CCA
38	L2	云量(高云量)	CCH
39	L2	云分析参数	CLA
40	L2	云检测	CLM
41	L2	云分类	CLT
42	L2	云光学厚度	COP
43	L2	云总量	CTA
44	L2	云顶高度	CTH
45	L2	云顶温度	CTT
46	L2	云水含量	CWT
47	L2	干旱指数	DRI
48	L2	能量水平衡产品	EWB
49	L2	全圆盘图	FDI
50	L2	洪涝指数	FLI
51	L2	雾	FOG
52	L2	非扫描视场大气顶辐射	FTN
53	L2	扫描视场大气顶辐射	FTS
54	L2	全球火点	GFA
55	L2	降水率	GRM
56	L2	用云分析出的湿度廓线	HPF
57	L2	冰水厚度指数	IWP
58	L2	叶面积指数	LAI
59	L2	陆地覆盖类型	LCV
60	L2	陆表反射率	LSR
61	L2	陆表温度	LST
62	L2	拼图	MOS
63	L2	微波表面比辐射率	MWE

表 B.1 气象卫星数据分级与产品对照表(续)

序号	分级	产品名称	英文缩写
64	L2	北半球图	NDI
65	L2	净初级生产力	NPP
66	L2	归一化差分植被指数	NVI
67	L2	归一化植被指数	NVI
68	L2	海洋水色	OCC
69	L2	射出长波辐射	OLR
70	L2	臭氧垂直廓线	OZP
71	L2	光合作用有效辐射系数	PAR
72	L2	降水估计	PRE
73	L2	降水指数	PRI
74	L2	极区冰雪覆盖	PSE
75	L2	辐射剂量	RAD
76	L2	辐射查照表	RAD
77	L2	辐射带质子	RBP
78	L2	辐射订正实时计算	RTC
79	L2	分区图	SEC
80	L2	段气候数据集	SEG
81	L2	海冰覆盖	SIC
82	L2	积雪覆盖	SNC
83	L2	积雪深度	SND
84	L2	积雪	SNW
85	L2	地表土壤含水量	SOL
86	L2	地面入射太阳辐射	SSI
87	L2	地表湿度	SSM
88	L2	海表温度	SST
89	L2	雪水当量	SWE
90	L2	相当黑体温度	TBB
91	L2	臭氧总量	TOZ
92	L2	大气可降水量	TPW
93	L2	晴空大气可降水	TPW
94	L2	对流层上部湿度	UTH
95	L2	海面风速率	WSS
96	L2	极地风矢量	WVP
97	L3	日平均产品	AOAD

表 B.1 气象卫星数据分级与产品对照表（续）

序号	分级	产品名称	英文缩写
98	L3	候平均产品	AOFD
99	L3	旬平均产品	AOTD
100	L3	月平均产品	AOAM
101	L3	季平均产品	AOAQ
102	L3	年平均产品	AOAY
103	L3	日累积产品	POAD
104	L3	月累积产品	POAM
105	L3	火情监测	FIDR
106	L3	水情监测	FLDR
107	L3	沙尘监测	SADR
108	L3	雪情监测	SNDR
109	L3	海冰监测	SIDR
110	L3	雾监测	FODR
111	L3	地表温度监测	STDR
112	L3	城市热岛监测	HADR
113	L3	冰凌监测	IBDR
114	L3	热带气旋监测	TYDR
115	L3	干旱监测	DRDR
116	L3	植被监测	VEDR

ICS 07.060
A 47
备案号：37804—2012

中华人民共和国气象行业标准

QX/T 159—2012

地基傅立叶变换高光谱仪大气光谱
观测规范

Specification for atmospheric spectrum measurement by ground-based high
spectral resolution Fourier transform spectroscopy

2012-08-30 发布   2012-11-01 实施

中 国 气 象 局 发 布

前　言

本标准按照 GB/T 1.1－2009 给出的规则起草。

本标准由全国卫星气象和空间天气标准化技术委员会(SAC/TC 347)提出并归口。

本标准起草单位:国家卫星气象中心。

本标准主要起草人:张兴赢、白文广。

引　言

为了在我国系统性开展用于定量探测大气成分及其变化的地基傅立叶高光谱仪大气光谱观测,以及对卫星大气成分定量产品的真实性检验,本标准对地基傅立叶高光谱仪大气光谱观测所涉及的物理参数、观测仪器、观测内容和观测方法进行规范。

地基傅立叶变换高光谱仪大气光谱观测规范

1 范围

本标准规定了地基傅立叶变换高光谱仪的观测环境、观测内容、观测方法、仪器维护以及数据存储和观测记录等。

本标准适用于地基傅立叶变换高光谱仪的大气分子光谱观测。

2 术语和定义

下列术语和定义适用于本文件。

2.1

傅立叶变换高光谱仪 high spectral resolution Fourier transform spectroscopy

采用傅里叶变换这种光谱观测技术进行光谱观测,同时具备高光谱分辨率的仪器。

2.2

切趾函数 apodization function

为缓和最大光程差附近干涉图的不连续性而引入傅立叶变换中的函数。

注:常用的切趾函数有:矩形函数、三角函数、高斯函数等。

2.3

相位校正 phase correlation

为消除由于干涉图数据点采集漂移、余弦分量相位滞后引起的傅立叶变换光谱仪相位误差而引入的校正因子。

2.4

洁净度 cleanliness

环境中空气含尘(包括微生物)的程度。

3 观测环境要求

3.1 观测场环境

仪器对太阳跟踪范围内无遮挡物。

3.2 实验室环境

实验室内应保持干燥,温度控制在(24±3)℃,相对湿度小于 50%,洁净度 100000 级,实验室内应保持相对封闭,无太阳杂散光射入;室内不应放置易燃易爆物品。

3.3 观测气象条件

晴空无云,太阳高度角在 30°～90°;太阳辐射强度以太阳跟踪计命令控制计算机观测时显示在 300～1200 单位为宜。

4 观测仪器配置与维护要求

4.1 仪器标校

应由专业技术人员每年对仪器的光谱位置和线强进行一次标校,确认无误即可开展正常观测使用。

4.2 仪器日常维护

每周应用氮气吹扫仪器光学部件,时间不少于 3 分钟。KBr 分束器使用过程中应同步进行氮气吹扫,使用完毕应及时放回干燥箱内,密闭保存。

5 关键观测参数设置要求

关键观测参数设置要求如下:
——光谱分辨率:红外波段为 0.01 cm^{-1},可见光/近红外波段为 1 cm^{-1}。
——切趾函数:矩形函数。
——相位校正模式:Mertz 模式。

6 观测资料整理记录要求

6.1 观测内容

在晴空条件下,记录太阳可见光和红外波段的光谱数据:
——红外观测谱段:2000 cm^{-1}～ 4500 cm^{-1}。
——可见光/近红外观测谱段:8000 cm^{-1}～ 25000 cm^{-1}。

6.2 观测资料存储

观测资料应按照观测日期和次序命名,并保存在系统规定的文件目录下,文件目录按照年月日命名。文件应在当天备份在外部存储介质上。

ICS 07. 060

A 47

备案号：37805—2012

中华人民共和国气象行业标准

QX/T 160—2012

爆炸和火灾危险环境雷电防护
安全评价技术规范

Technical code for the safety evaluation of lighting protection in explosion and
fire harzard region

2012-08-30 发布

2012-11-01 实施

中 国 气 象 局 发布

前　言

本标准按照 GB/T 1.1—2009 给出的规则起草。

本标准由全国雷电灾害防御行业标准化技术委员会提出并归口。

本标准起草单位:福建省防雷中心、厦门市防雷中心。

本标准主要起草人:刘隽、黄岩彬、林挺玲、程辉、邵霖、陈毅芬、吴健、林香民、吴灵燕、李衣长、俞成标、施平、王斌斌。

引　言

　　爆炸和火灾危险环境雷电防护安全评价工作的目的是识别、分析、评价爆炸和火灾环境中雷电防护措施的安全性,减少或消除危险源遭受雷击事故的可能性,以降低事故率、避免或减少损失和提高安全投资效益。

爆炸和火灾危险环境雷电防护安全评价技术规范

1 范围

本标准规定了爆炸和火灾危险环境雷电防护安全评价的一般规定、准备阶段、风险识别、影响因素分析、评价单元划分、风险计算、风险容许值、防护措施。

本标准适用于在生产、加工、处理、转运或贮存等过程中出现或可能出现爆炸和火灾危险环境的新建、扩建和改建工程的雷电防护安全评价。

本标准不适用于矿井井下,水、陆、空交通运输工具及海上油井平台的雷电防护安全评价。

2 规范性引用文件

下列文件对于本文件的应用是必不可少的。凡是注日期的引用文件,仅注日期的版本适用于本文件。凡是不注日期的引用文件,其最新版本(包括所有的修改单)适用于本文件。

GB/T 21714.2—2008 雷电防护 第2部分:风险管理

GB/T 21714.3—2008 雷电防护 第3部分:建筑物的实体损害和生命危险

GB/T 21714.4—2008 雷电防护 第4部分:建筑物内电气和电子设备

GB 50057—2010 建筑物防雷设计规范

3 术语、定义和符号

3.1 术语和定义

下列术语和定义适用于本文件。

3.1.1

爆炸危险环境 explosive hazardous region

存在爆炸危险物质以致有爆炸危险的区域。

注:改写 QX/T 110—2009,定义 3.1。

3.1.2

爆炸性气体环境 explosive gas region

含有爆炸性气体混合物的环境。

注:改写 QX/T 110—2009,定义 3.2。

3.1.3

爆炸性粉尘环境 explosive dust region

含有爆炸性粉末混合物的环境。

注:改写 QX/T 110—2009,定义 3.3。

3.1.4

火灾危险环境 fire hazardous region

存在火灾危险物质以致有火灾危险的区域。

注:改写 QX/T 110—2009,定义 3.4。

3.1.5

风险　risk；R

因雷击造成的年平均可能损失量（人和物）与需保护对象（人和物）的总价值之比值。

[GB/T 21714.2—2008，定义 3.1.32]

3.1.6

防雷区　lightning protection zone；LPZ

规定了雷电电磁环境的区域。

[GB/T 21714.2—2008，定义 3.1.37]

3.1.7

雷电电磁脉冲　lightning electromagnetic impulse；LEMP

雷电流的电磁效应。

[GB/T 21714.2—2008，定义 3.1.23]

3.1.8

物理损害　physical damage

雷电的机械、热力、化学和爆炸效应对建筑物（或其内存物）或服务设施造成的损害。

[GB/T 21714.2—2008，定义 3.1.26]

3.1.9

人畜伤害　injuries of living beings

雷电引起的接触和跨步电压所导致的人员或牲畜伤害（包括死亡）。

[GB/T 21714.2—2008，定义 3.1.27]

3.1.10

电气和电子系统故障　failure of electrical and electronic system

LEMP 对电气和电子系统造成的永久性破坏。

[GB/T 21714.2—2008，定义 3.1.28]

3.1.11

评价单元 evaluation unit

按功能或结构，逐个分析潜在的危险因素，将系统划分成若干个单元。

3.2　符号

下列符号适用于本文件。

C_d：位置因子。

C_e：环境因子。

C_L：采取保护措施前的年损失值。

C_{RL}：采取保护措施后的年损失值。

C_{PM}：采取保护措施后的平均花费。

C_t：服务设施上有 HV/LV 变压器时的修正因子。

D1：人畜伤害。

D2：物理损害。

D3：电气和电子系统故障。

L_X：建筑物中各种损失率的通识符。

L'_X：服务设施中各种损失率的通识符。

L1：建筑物内的人身伤亡损失。

L2：建筑物内公众服务中止的损失。

L'_2：服务设施中公共服务中止的损失。

L3：建筑物中文化遗产的损失。

L4：建筑物内经济价值的损失。

L'_4：服务设施内经济价值的损失。

N_g：雷击大地密度。

N_X：平均危险事件次数的通识符。

P_X：建筑物各种损害概率的通识符。

R：风险。

R_A：雷击建筑物造成人畜伤害的风险分量。

R_B：雷击建筑物造成建筑物物理损害的风险分量。

R'_B：雷击服务设施相连建筑物造成服务设施物理损害的风险分量。

R_C：雷击建筑物造成内部系统故障的风险分量。

R'_C：雷击与服务设施相连建筑物造成服务设备故障的风险分量。

R_F：各种损害成因造成的建筑物物理损害的风险。

R_M：雷击建筑物附近引起的内部系统故障风险分量。

R_O：各种损害成因造成的建筑物内部系统故障风险分量。

R_S：各种损害成因造成的人畜伤害的风险。

R_T：风险容许值。

R_U：雷击入户服务设施造成人畜伤害的风险分量。

R_V：雷击入户服务设施造成建筑物物理损害的风险分量。

R'_V：雷击服务设施造成服务设施物理损害的风险分量。

R_W：雷击入户服务设施造成内部系统故障的风险分量。

R'_W：雷击服务设施造成服务设备故障的风险分量。

R_X：建筑物各种风险分量的通识符。

R_Z：雷击入户服务设施附近造成内部系统故障的风险分量。

R'_Z：雷击服务设施附近造成服务设备故障的风险分量。

S_S：服务设施的线路段。

S1：雷击建筑物。

S2：雷击建筑物附近。

S3：雷击服务设施。

S4：雷击服务设施附近。

Z_S：建筑物分区。

4 一般规定

4.1 评价内容

评价内容主要包括：

——风险识别；

——影响因素分析；

——评价单元划分；

——风险计算；

——风险容许值；

——防护措施。

4.2 评价程序

评价程序一般包括:准备阶段;风险识别;影响因素分析;评价单元划分;风险计算;风险容许值;安全对策措施及建议;评价结论;编制评价报告。评价流程见图1。

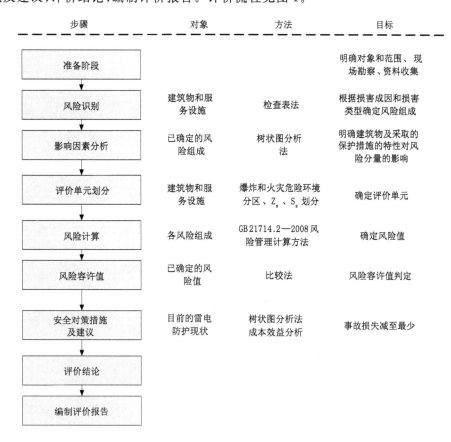

步骤	对象	方法	目标
准备阶段			明确对象和范围、现场勘察、资料收集
风险识别	建筑物和服务设施	检查表法	根据损害成因和损害类型确定风险组成
影响因素分析	已确定的风险组成	树状图分析法	明确建筑物及采取的保护措施的特性对风险分量的影响
评价单元划分	建筑物和服务设施	爆炸和火灾危险环境分区、Z_s、S_s 划分	确定评价单元
风险计算	各风险组成	GB 21714.2—2008风险管理计算方法	确定风险值
风险容许值	已确定的风险值	比较法	风险容许值判定
安全对策措施及建议	目前的雷电防护现状	树状图分析法成本效益分析	事故损失减至最少
评价结论			
编制评价报告			

图 1　评价流程图

5　准备阶段

5.1　明确被评价对象和范围,进行现场调查和收集技术标准及工程项目相关资料。

5.2　应收集以下项目工程资料:
——可行性研究报告;
——总平面图;
——地形图;
——管线综合图;
——地质勘察报告;
——设计文件;
——消防设计验收资料;
——其他相关资料。

5.3　应收集场地环境和周边环境资料,重点收集可能影响雷击风险的资料:
——场地内土壤电阻率时空分布状况;
——影响雷击风险因子的周边环境资料;

——项目所在区域地面设施情况；

——项目所在区域地形和地物情况；

——项目所在区域地质构造情况。

5.4 应收集以下生产资料：

——主要设备设施安装检验资料；

——主要原材料、中间体、产品、经济技术指标；

——主要工艺流程和生产规模；

——生产期间人流、物流状况；

——安全管理体制及事故应急预案资料。

5.5 应收集国内外同行业同类设备、设施或工艺的雷击事故情况及典型事故案例资料：

——既往雷击事故资料；

——国内外同类型雷击事故资料；

——典型事故案例资料。

5.6 应收集以下气象资料：

——项目大气雷电环境评价报告；

——其他相关资料。

项目大气雷电环境评价报告提供的数据应符合 GB/T 21714.2—2008 的计算要求。

6 风险识别

6.1 爆炸和火灾危险环境的风险识别应当根据爆炸和火灾危险环境分区、建设项目周边环境、易受雷击部位、需保护对象以及保护措施的特性，识别其潜在的危险。爆炸和火灾危险环境分区应满足按GB 50057—2010 第3章要求对建筑物的防雷分类，分区示例参见附录 A。

6.2 雷击建筑物或设施造成的风险取决于：

——对建筑物或服务设施造成影响的平均危险事件次数 N_X；

——对有影响的雷击导致的损害概率 P_X；

——对损害造成的损失的平均相对量（即损失率 L_X）。

6.3 对建筑物有影响的雷击有以下四种（见表1）：

——击中建筑物的雷电；

——击中建筑物附近的雷电；

——击中入户设施（如供电线路、通信线路或其他服务设施）的雷电；

——击中入户设施附近的雷电。

6.4 对服务设施有影响的雷击有以下三种（见表1）：

——击中服务设施的雷电；

——击中服务设施附近的雷电；

——击中与服务设施相连建筑物的雷电。

表 1 雷击点、损害成因、各种可能的损害类型及损失对照一览表

雷击点	损害成因	建筑物		服务设施	
		损害类型	损失类型	损害类型	损失类型
	S1	D1 D2 D3	L1,L4[b] L1,L2,L3,L4 L1[a],L2,L4	D2 D3	L'2,L'4 L'2,L'4
	S2	D3	L1[a],L2,L4	—	—
	S3	D1 D2 D3	L1,L4[b] L1,L2,L3,L4 L1[a],L2,L4	D2 D3	L'2,L'4 L'2,L'4
	S4	D3	L1[a],L2,L4	D3	L'2,L'4
注:雷击点、损害类型、损失类型、风险和风险分量参照 GB/T 21714.2—2008 的规定。					
[a] 指具有爆炸危险的建筑物或因内部系统故障马上会危及人命的建筑物。					
[b] 指可能出现牲畜损失的建筑物。					

6.5 排放爆炸危险气体、蒸气或粉尘的放散管、呼吸阀、排风管等的管口应根据 GB 50057—2010 中 4.2.1 识别接闪器与雷闪的接触点是否在球形空间之外。

6.6 按 GB/T 21714.2—2008 第 4.2 条进行风险识别。在识别风险分量 R_V 时,应当考虑当雷击管道可能引起电火花并导致爆炸或造成破坏和人身伤亡时,把雷击管道作为损害成因。

7 影响因素分析

7.1 参照附录 B 中树状图 B.1～图 B.22 对项目所涉及的各影响因素进行分析,识别危险性影响因素,筛选风险评价因子。

7.2 影响建筑物风险分量的因素

建筑物及可能采取的保护措施的特性会影响建筑物各风险分量,见表 2。

表 2 影响建筑物风险分量的因素

建筑物、内部系统以及 保护措施的特性	风险分量							
	R_A	R_B	R_C	R_M	R_U	R_V	R_W	R_Z
截收面积	×	×	×	×	×	×	×	×
地表土壤电阻率	×	—	—	—	—	—	—	—
建筑物内地板电阻率	—	—	—	—	×	—	—	—
围栏等限制措施,绝缘措施,警示牌, 大地电位均衡措施	×	—	—	—	×	—	—	—

表 2 影响建筑物风险分量的因素(续)

建筑物、内部系统以及保护措施的特性	风险分量							
	R_A	R_B	R_C	R_M	R_U	R_V	R_W	R_Z
LPS	×[a]	×	×[b]	×[b]	×[c]	×[c]	—	—
匹配的 SPD 保护	—	—	×	×	—	—	×	×
空间屏蔽	—	—	×	×	—	—	—	—
外部线路屏蔽措施	—	—	—	—	×	×	×	×
内部线路屏蔽措施	—	—	×	×	—	—	—	—
合理布线	—	—	×	×	—	—	—	—
等电位连接网络	—	—	—	×	—	—	—	—
防火措施	—	×	—	—	—	—	—	—
火灾危险性	—	×	—	—	—	×	—	—
特殊危险	—	×	—	—	—	×	—	—
冲击耐压	—	—	×	×	×	×	×	×

注:"×"表示有影响;"—"表示无影响。

[a] 如果 LPS 的引下线间隔小于 10 m 或采取围栏等限制措施时,接触和跨步电压造成人畜伤害的风险可以忽略不计。

[b] 只有格栅形外部 LPS 才有影响。

[c] 等电位连接引起的。

7.3 影响服务设施风险分量的因素

服务设施、与服务设施相连的建筑物以及防护措施的特性均可影响服务设施各风险分量,见表3。

表 3 影响服务设施风险分量的各种因素

服务设施以及防护措施特性	风险分量				
	R'_V	R'_W	R'_Z	R'_B	R'_C
建筑物以及服务设施截收面积	×	×	×	×	×
电缆屏蔽	×	×	×	×	×
防雷电缆	×	×	×	×	×
防雷电缆槽	×	×	×	×	×
增加屏蔽线	×	×	×	×	×
冲击电压	×	×	×	×	×
SPD	×	×	×	×	×

注:"×"表示有影响。

8 评价单元划分

8.1 评价单元应具有一致的特性。

8.2 评价单元的划分应当在爆炸和火灾危险环境分区的基础上再进行建筑物分区 Z_s、服务设施线路段 S_s 划分。

8.3 建筑物分区 Z_s 主要根据以下情况划分评价单元：

——爆炸和火灾危险环境区域：爆炸性气体环境危险区域、爆炸性粉尘环境危险区域、火灾危险区域（影响截收面积和评价因子筛选）；

——土壤或地板的类型（影响风险分量 R_A 和 R_U）；

——防火分区（影响风险分量 R_B 和 R_V）；

——空间屏蔽（影响风险分量 R_C 和 R_M）；

——内部系统的布局（影响风险分量 R_C 和 R_M）；

——已有的或将采取的保护措施（影响所有的风险分量）；

——损失率 L_X 的值（影响所有的风险分量）。

8.4 服务设施线路段 S_s 主要根据以下情况划分评价单元：

——爆炸和火灾危险环境区域：爆炸性气体环境危险区域、爆炸性粉尘环境危险区域、火灾危险区域（影响截收面积和评价因子筛选）；

——服务设施的类型（架空或埋地）；

——影响截收面积的因子（C_d、C_e、C_t）；

——服务设施的特性（电缆绝缘类型，屏蔽层电阻）；

——相连设备的类型；

——已有的或将采取的保护措施。

9 风险计算

9.1 一般规定

9.1.1 本标准风险计算应当遵照 GB/T 21714.2—2008 有关规定。

9.1.2 雷击大地密度 N_g 应根据第 5.6 条中的气象资料确定。

9.1.3 各类损失率 L_X、L'_X 应该根据所评价项目的实际情况按照 GB/T 21714.2—2008 所提供的近似式确定，不宜采用典型平均值。

9.2 风险组成

9.2.1 雷击引起的基本损害类型划分为三种：

——D1：人畜伤害；

——D2：物理伤害；

——D3：电气和电子系统故障。

9.2.2 风险按损害类型组合见公式（1）。

$$R = R_S + R_F + R_O \qquad\qquad\qquad\cdots\cdots\cdots\cdots\cdots(1)$$

9.2.3 每种不同损害类型 D（D1 至 D3），可能涉及的损失类型见表 4。

表 4　爆炸和火灾危险环境各类损害对应的各类损失风险

损害类型	人身伤亡损失 L1	公众服务损失 L2	经济损失 L4
D1	R_S	—	R_S [a]
D2	R_F	R_F	R_F
D3	R_O [b]	R_O	R_O

[a] 可能出现牲畜损失的爆炸和火灾危险环境；
[b] 因内部系统故障会危及人命的爆炸和火灾危险环境。

9.2.4　每种不同损害类型 D(D1 至 D3)来讲,其相关的风险 $R(R_S$、R_F、$R_O)$ 是不同风险组成部分 R_X,(R_A，R_B，…)的总和。每个风险组成部分 R_X 见公式(2)。

$$R_X = N_X P_X L_X \quad\quad\quad\quad\quad\quad(2)$$

注:确定风险组成及因素参见 GB/T 21714—2008。

10　风险容许值

风险容许值 R_T 见表 5。

表 5　风险容许值 R_T

各损失类型/损害类型风险	R_T/年
人身伤亡损失 R_1	10^{-5}
物理损害风险 R_F	10^{-3}
电气和电子系统故障风险 R_O	10^{-3}

11　防护措施

11.1　一般规定

符合下列相关标准要求的防护措施,认为是有效的:
——GB/T 21714.3—2008 有关建筑物中人命损害及物理损害的保护措施;
——GB/T 21714.4—2008 有关内部系统故障的防护措施;
——其他相关雷电防护标准。

11.2　防护措施的选择

可参照附录 B 找出最关键的若干参数以决定减小风险的最有效的防护措施。

11.3　成本效益分析

对采取保护措施的成本效益分析步骤如下:
——根据计算所得的 R_X 或 R'_X 计算每年总损失 C_L;
——参照附录 B 选择有效降低风险的保护措施;
——计算采取保护措施后的各风险分量 R_X 或 R'_X;

——计算采取防护措施后仍造成的每年损失 C_{RL}；

——计算保护措施的每年费用 C_{PM}；

——费用比较。

如果 $C_L < C_{RL} + C_{PM}$，则防雷是不经济的。

如果 $C_L \geqslant C_{RL} + C_{PM}$，则采取防雷措施在建筑物或设施的使用寿命期内可节约开支。

附　录　A

（资料性附录）

爆炸火灾危险环境分区示例

　　表 A.1 列举了 0 区、1 区、2 区、10 区、11 区、21 区、22 区、23 区共 8 种爆炸火灾危险环境分区的示例，均满足按 GB 50057—2010 第 3 章要求对建筑物的防雷分类。

表 A.1　爆炸火灾危险环境分区的示例

0 区	正常情况下能形成爆炸性混合物（气体或蒸汽爆炸性）的爆炸性场所。
	油漆车间：非桶装的地下储漆间。
	石油库：易燃油品罐油间和油罐呼吸阀、量油孔 3 m 内的空间。
	汽车加油加气站：埋地卧式汽油储罐内部油表面以上空间。
1 区	在不正常情况下能形成爆炸性混合物（气体或蒸汽爆炸性）的爆炸危险场所。
	油漆车间：喷漆室（连续式烘干室，距门框 6 m 以内的空间）；桶装贮漆间；油漆干燥间、漆泵间。
	线圈车间：侵漆车间。
	线缆车间：漆包线工部。
	发生炉煤气站：机器间、加压室、煤气分配间。
	乙炔站：发生器间、乙炔压缩机间、电石间、丙酮库、乙炔汇流排间、净化器间、罐瓶间、空瓶间和实瓶间。
	液化石油气配气站。
	天然气配气站。
	电气室：固定式蓄电池。
	汽车库：携带式蓄电池充电间、硫化间和汽化器间。
	蓄电池车间：蓄电池充电间。
	石油库：易燃油品的油泵房、阀室；易燃油品桶装库房；距易燃油罐 3 m 范围内的空间；易燃油品人工洞库区的主巷道、支巷道、上引道、油泵房，油罐操作间、油罐室等。
	汽车加油加气站：加油机壳体内部空间；埋地卧式汽油储罐入孔（阀）井内部空间；以通气管管口为中心，半径 1.5 m 的球形空间及以密闭卸油口为中心，半径 0.5 m 的球形空间。
	汽车加油加气站：液化石油加气机内部空间；埋地卧式汽油储罐入孔（井）井内部空间和以卸车口为中心，半径为 1 m 的球形空间；地上液化石油气储罐以卸车口为中心，半径为 1 m 的球形空间；液化石油气压缩机、泵、法兰、阀门或类似附件的房间内部空间。
	汽车加油加气站：压缩天然气加气机壳体内部空间；天然气压缩机、阀门、法兰或类似附件的房间的内部空间；存放压缩天然气储气瓶组的房间内部空间。
	燃气制气车间：焦炉地下室、煤气水封室、封闭煤气预热室；侧喷式焦炉分烟道走廊；焦炉煤塔下直接式计量器室；直立炉顶部。
	燃气制气车间：油制气车间排送机室；油制气控制室。
	燃气制气车间：水煤气车间生产厂房、水煤气排送机间、水煤气管道排水器间；室外缓冲气罐、罐顶和罐壁外 3 m 以内；煤气计量器室。
	燃气制气车间：煤气净化车间、鼓风机、吡啶回收装置及贮罐，室外浓氨水槽、粗苯产品泵房、干法脱硫箱室、萃取脱酚泵房。

表 A.1 爆炸火灾危险环境分区的示例（续）

	在不正常情况下形成爆炸性混合物可能性较小的爆炸危险场所。
	热处理车间:加热炉的地下部分。
	金加工、装配车间:装配线上的喷漆室及距烘室门柜6 m以内的空间。
	油漆车间:涂漆室(非连续式烘干室距门柜6 m以内的空间)。
	发生炉煤气站:发生炉间;电气滤清器;洗涤塔;下喷式焦炉分烟道走廊;煤塔、炉间台和炉端台底层;集气管直接式计量器室;直立炉一般操作层和空间;煤气排送机间、煤气管道排水器间、室外设备和煤气计量器室。
	燃气制气车间:油制气车间室外设备。
	燃气制气车间:水煤气车间室外设备。
2区	燃气制气车间:煤气净化车间初冷器;电捕焦油器;硫铵饱和器;吡啶回收装置及贮槽;洗萘、终冷、洗氨、洗苯和脱硫等塔;蒸氨装置、粗苯蒸馏装置、粗苯油水分离器、粗苯贮槽、再生塔、煤气放散装置、干法脱硫箱、萃取脱酚萃取塔和氨水泵房。
	乙炔站:气瓶修理间;干渣堆物;露天设置的贮气罐。
	石油库:易燃油品油泵棚和露天油泵站;易燃油品桶装油品敞棚和场地。
	汽车加油加站:以加油机中心线为中心线,以半径4.5 m的地面区域为底面和以加油机顶部以上0.15 m、半径为3 m的平面为顶面的圆台形空间;埋地卧式汽油储罐距入孔(阀)井外边缘1.5 m以内,自地面算起1 m高的圆柱形空间;以通气管管口为中心,半径为3 m的球形空间;以密闭卸油口为中心,半径为1.5 m的球形并延至地面的空间。
	汽车加油加气站:以加气机中心线为中心线,以半径为5 m的地面区域为底面和以加气机顶部以上0.15 m、半径为3 m的平面为顶面的圆台形空间;埋地液化石油气储罐距入孔(阀)井边缘3 m以内,自地面算起2 m高的圆柱形空间;以放散管管口为中心,半径为3 m的球形并延至地面的空间、以卸车口为中心,半径为3 m的球形并延至地面的空间。地上液化石油气储罐以放散管管口为中心,半径为3 m的球形空间、距储罐外壁3 m范围内并延至地面的空间、防火堤内与防火堤等高的空间、以卸车口为中心,半径为3 m的球形并延至地面的空间。露天或棚内设置的液化石油气泵、压缩机、阀门和法兰等在距释放源壳体外缘半径为3 m范围内的空间和距释放源壳体外缘6 m范围内。自地面算起0.6 m高的空间。液化石油气泵、压缩机、阀门和法兰等在有孔、洞或开式墙时,以孔、洞边缘为中心、半径3 m以内、与房间等高的空间,和以释放源为中心、半径为6 m以内、自地面算起0.6 m高的圆柱形空间。压缩天然气加气机以中心线为中心线,半径为4.5 m高度为地面向上至加气机顶部以上0.5 m的圆柱形空间。天然气压缩机、阀门、法兰等在有孔、洞或开式墙的房间内,以孔、洞边缘为中心,半径为3 m至7.5 m以内至地面的空间。露天(棚)设置的天然气压缩机、阀门、法兰等壳体7.5 m以内延至地面的空间。存放压缩天然气瓶组的房间有孔、洞或开式墙外,以孔、洞边缘为中心,半径 R 以内并延至地面的空间。
	正常情况下能形成粉尘或纤维爆炸性混合物的爆炸危险场所。 **注1**:正常情况指连续出现或长期出现爆炸性粉尘环境。
10区	爆炸危险区域的划分应按爆炸性粉尘的量、爆炸极限和通风条件来确定,引燃温度分为T1-3(150℃<t≤200℃)、T1-2(200℃<t≤270℃)和T1-1(t≤270℃)三组。为爆炸性粉尘环境服务的排风机室,应与被排风区域的爆炸危险区域等级相同。
	煤气净化车间:室外脱硫剂再生装置。

表 A.1 爆炸火灾危险环境分区的示例(续)

11 区	正常情况下不能形成,但在不正常情况下能形成粉尘或纤维爆炸性混合物的爆炸危险场所。 　　注2:11区指有时会将积留下的粉尘物起而偶然出现爆炸性粉尘混合物的环境。
	煤气净化车间:硫黄仓库(室内)。
21 区	在生产过程中,产生、使用、加工贮存或转运闪点高于场所环境温度的燃液体,在数量和配置上能引起火灾危险的场所。
	可燃液体如:柴油、润滑油、变压器油等。
	石油库:油泵房和阀室内有可燃油品;油泵棚或露天油泵站有可燃油品;可燃油品的灌油间;可燃油品桶装库房;可燃油品桶装棚或场地;可燃油品的油罐区;可燃油品的铁路装卸设施或码头;存放可燃油品的人工洞库中的主巷道、支巷道、上引道、油泵房、油罐操作间、油罐室等;石油库内化验室、修洗桶间和润滑油再生间。
	热处理车间:地下泵间、贮油槽间、井式煤气。
	金加工、装配车间,乳化脂配制车间。
	修理车间:油洗间、变压器修理或拆装间、油料处理间、变压器油贮放间和油泵间。
	线缆车间:干燥侵油工部。
	电碳车间和锅炉房;重油泵间。
	发生炉煤气站:焦油泵房和焦油库。
	汽车库:停车间下部(电气设备安装高度低于1.8 m,线路低于4 m处)。
	机车库:油料分发室、防水锈剂室。
	燃气制气车间:煤气净化车间的室外焦油氨水分离装置及贮槽、室外终冷洗萘油贮槽、洗油贮槽(室外)、化验室等。
22 区	在生产过程中,悬浮状、堆积状的可燃粉尘或可燃纤维不可能形成爆炸性混合物,但在数量和配置上能引起火灾危险的场所。
	可燃粉尘如:铝粉、焦炭粉、煤粉、面粉、合成树脂粉等。可燃纤维如:棉花、麻、丝、毛、木质和合成纤维等。
	铸造车间:煤的球磨机间。
	木工车间:大锯间。
	线圈车间:侵胶车间。
	锅炉房:煤粉制备间、碎煤机室、运煤走廊、天然气调压机。
	发生炉煤气站:受煤斗室、输碳皮带走廊、破碎筛分间、运煤栈桥。
	燃气制气车间:制气车间室内的粉碎机、胶带通廊、转运站、配煤室、煤库和贮焦间。
	燃气制气车间:直立炉的室内煤仓、焦仓和操作层。
	燃气制气车间:水煤气车间内煤斗室、破碎筛分间和运煤胶带通廊。
	燃气制气车间:发生炉车间内敞开建筑或无煤气漏入的贮煤层,运煤胶带通廊和煤筛分间。
23 区	具有固体状可燃物质,在数量和配置上能引起火灾危险的环境。
	固体状可燃物质如:煤、焦炭、木等。
	木工车间:机床工部、机械模型工部、手工制模工部;木材存放间;木制冷却间,装配工部。
	修理车间:木工修理和木工备料部。
	电碳车间:加油浸渍工部。
	发生炉煤气站:煤库。
	机车库:擦料贮存室。
	图书室,资料库、档案库、晒图室。
	露天煤场。
	注3:表 A.1 选自 GB/T 21431—2008。

附　录　B
（资料性附录）
树状图分析法在风险分析中的运用

B.1　风险分量 R_A 的树状图（见图 B.1）

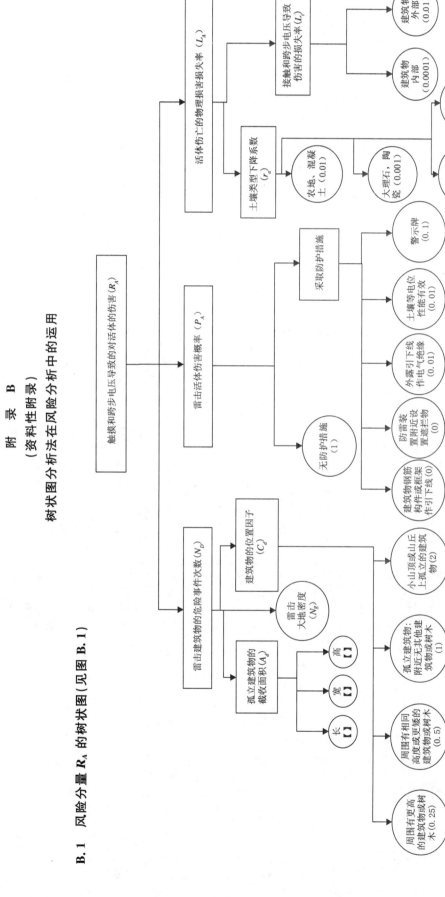

图 B.1　风险分量 R_A 树状图

B. 2 风险分量 R_B 的树状图 (见图 B. 2～图 B. 5)

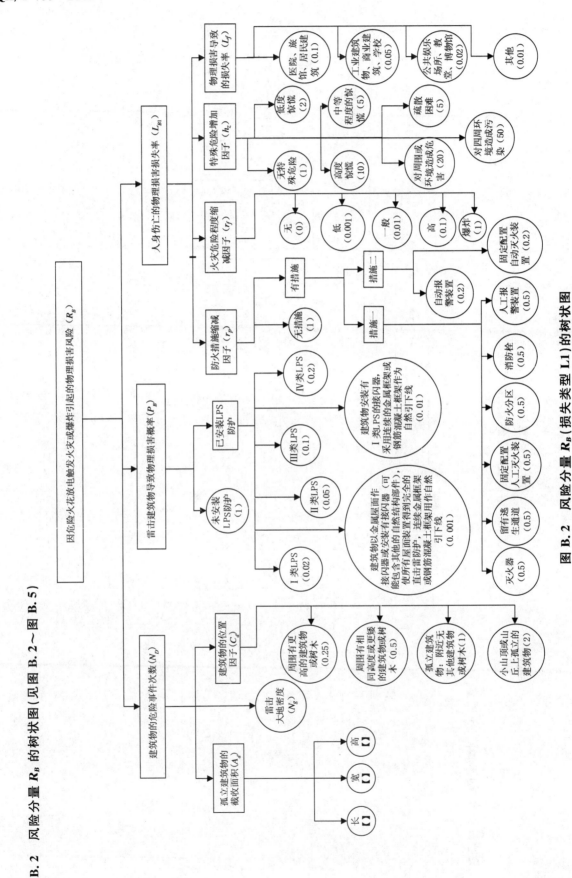

图 B. 2 风险分量 R_B (损失类型 L1) 的树状图

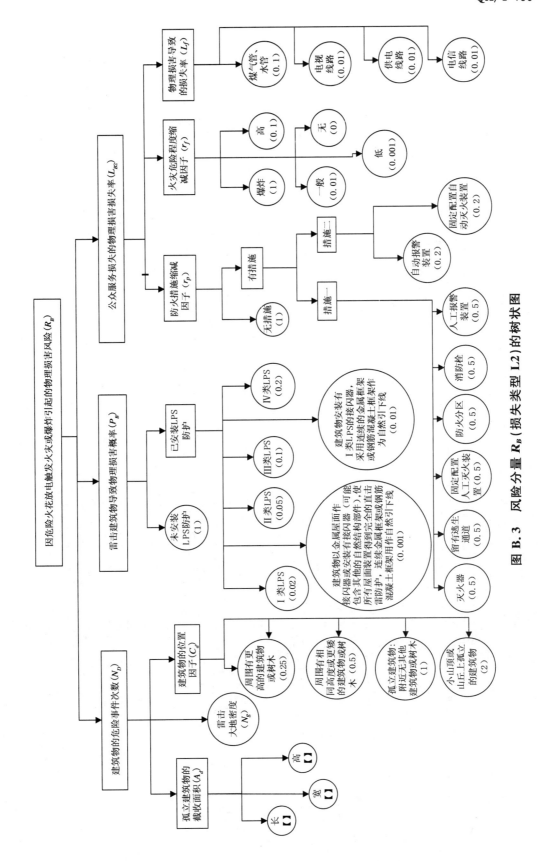

图 B.3 风险分量 R_B（损失类型 L2）的树状图

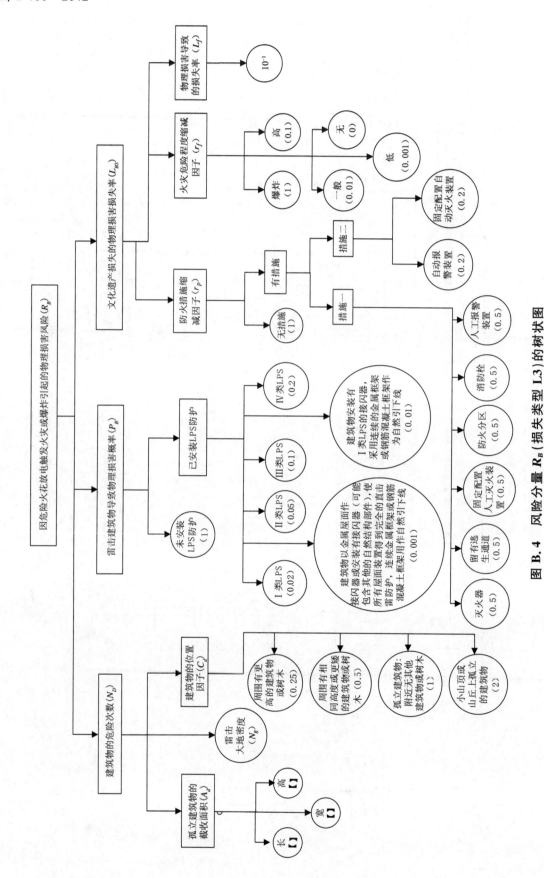

图 B.4 风险分量 R_B（损失类型 L3）的树状图

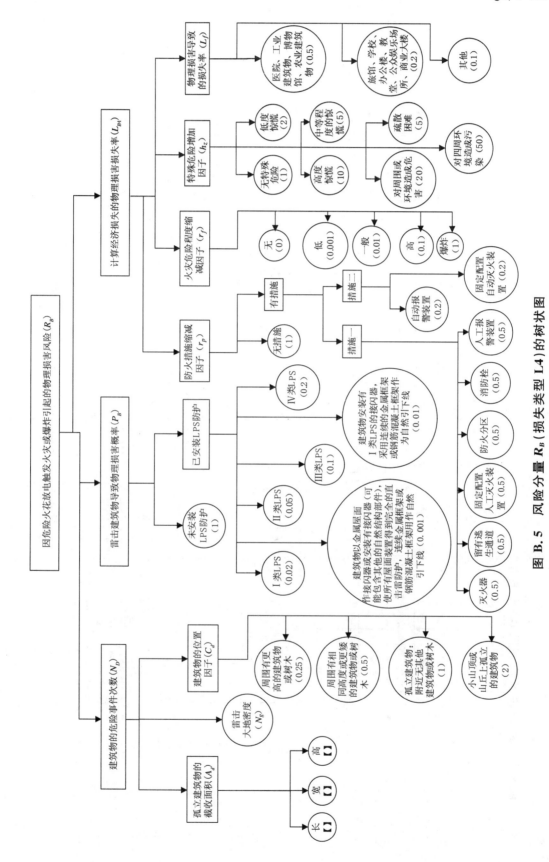

图 B.5 风险分量 R_B（损失类型 L4）的树状图

B.3 风险分量 R_C 的树状图(见图 B.6~图 B.8)

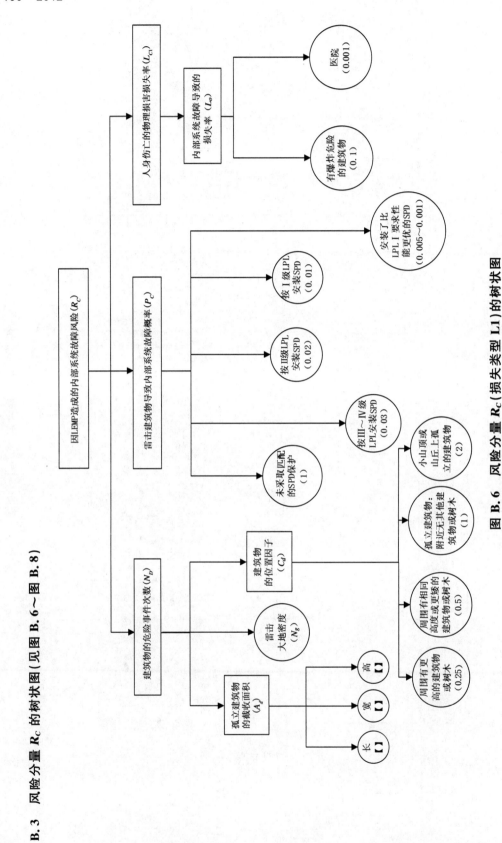

图 B.6 风险分量 R_C(损失类型 L1)的树状图

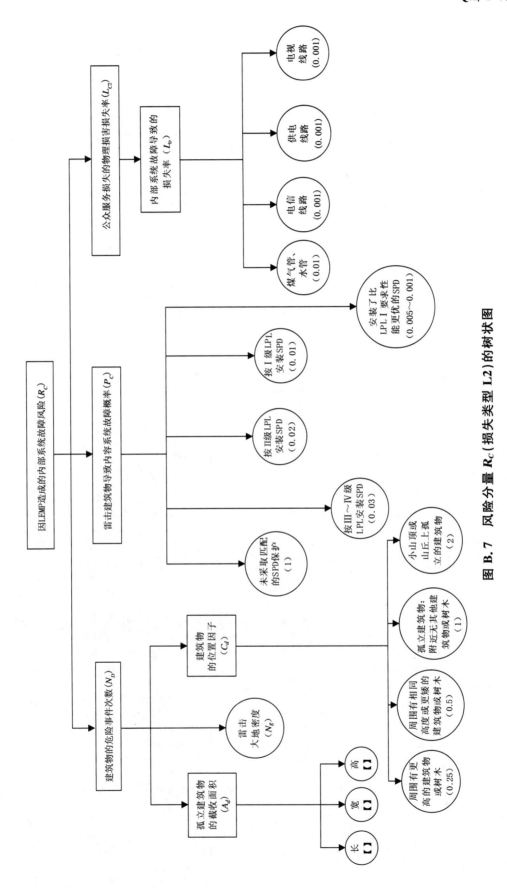

图 B.7 风险分量 R_C（损失类型 $L2$）的树状图

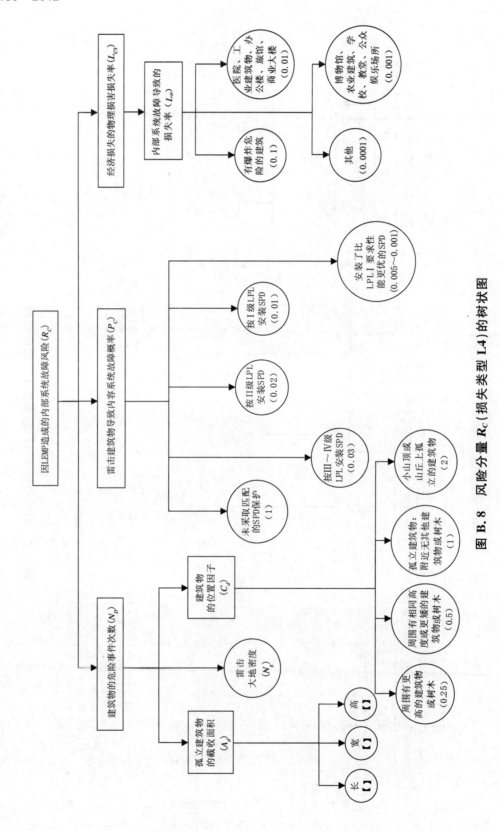

图 B.8 风险分量 R_C（损失类型 L4）的树状图

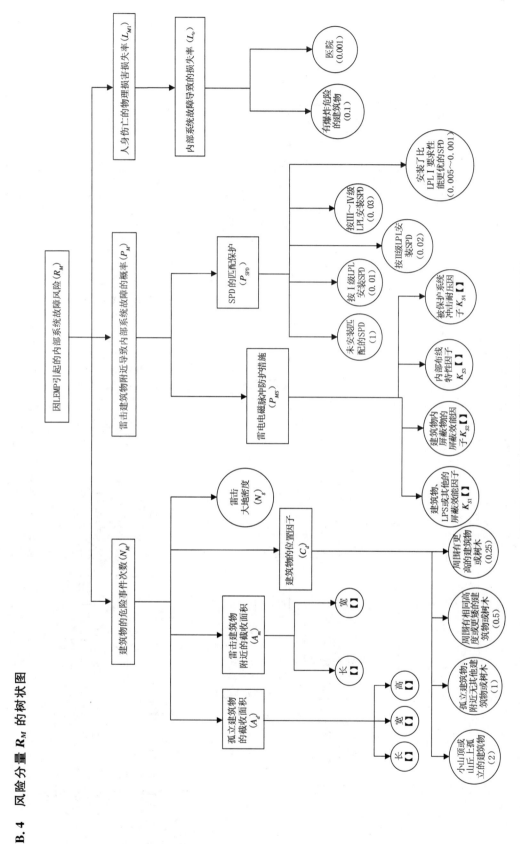

B. 4 风险分量 R_M 的树状图

图 B. 9 风险分量 R_M（损失类型 L1）的树状图

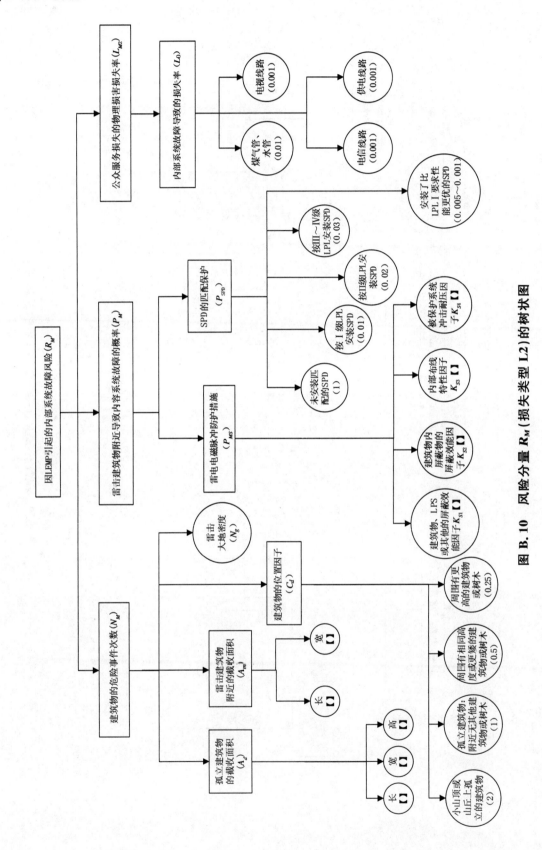

图 B.10 风险分量 R_M（损失类型 L2）的树状图

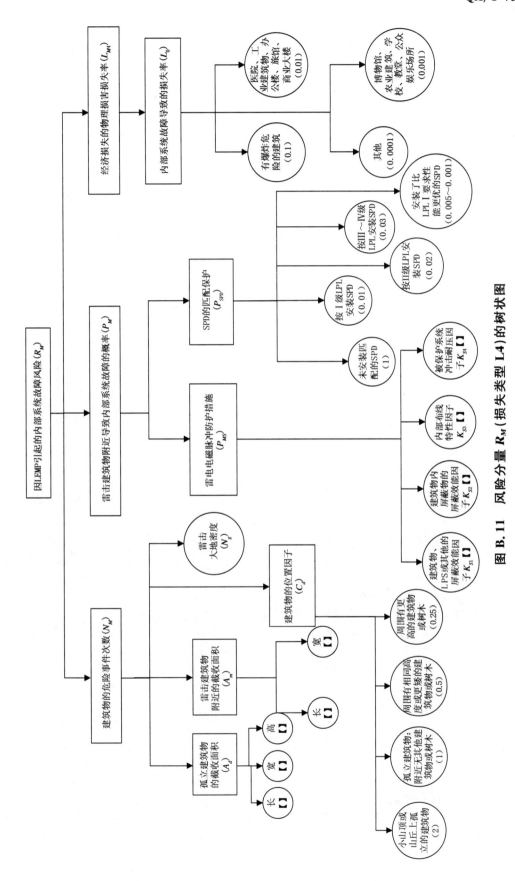

图 B.11 风险分量 R_M（损失类型 $L4$）的树状图

B. 5 风险分量 R_U 的树状图(见图 B. 12)

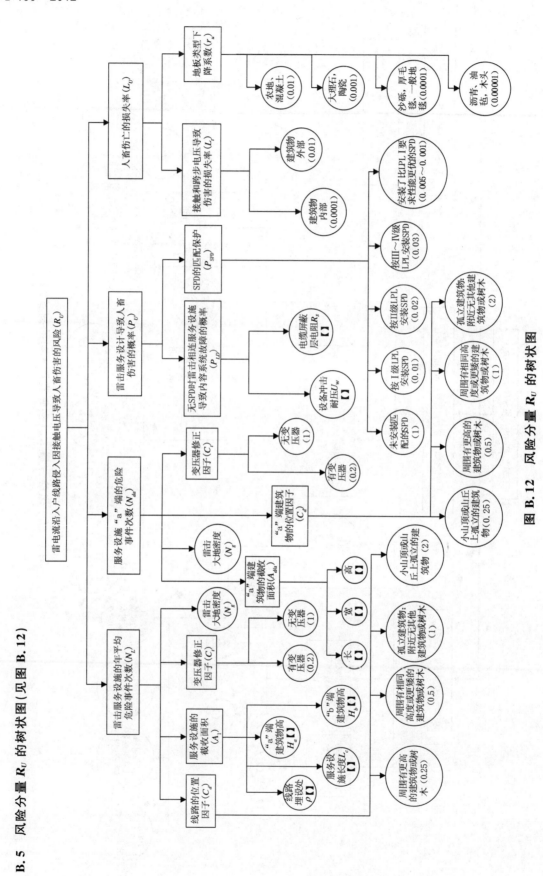

图 B. 12 风险分量 R_U 的树状图

B.6 风险分量 R_V 的树状图（见图 B.13～图 B.16）

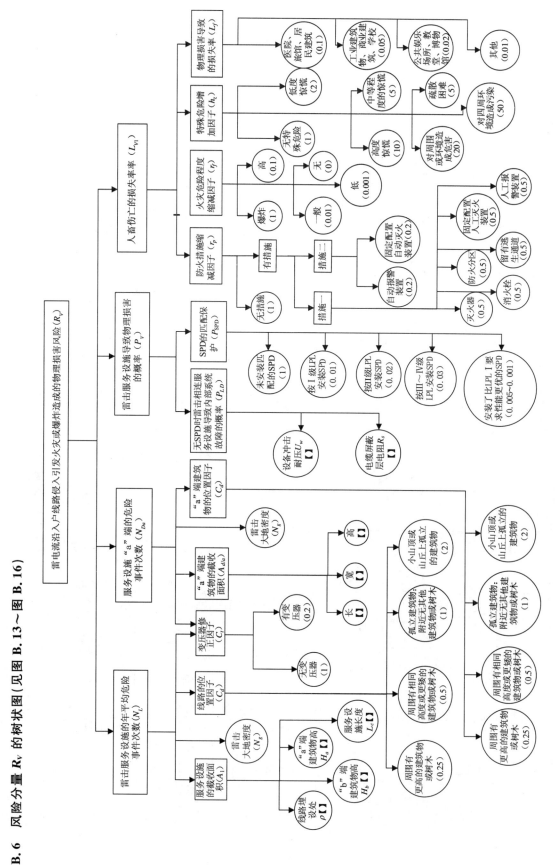

图 B.13 风险分量 R_V（损失类型 L1）的树状图

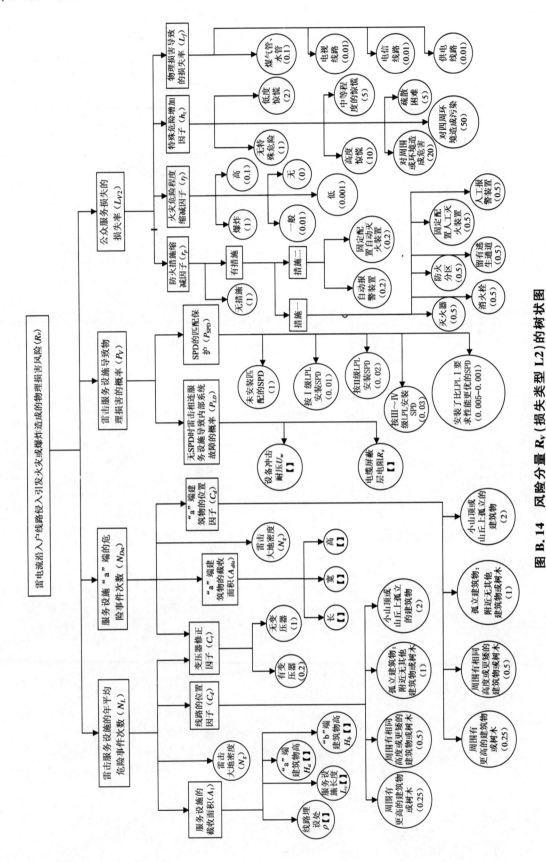

图 B.14 风险分量 R_V（损失类型 L2）的树状图

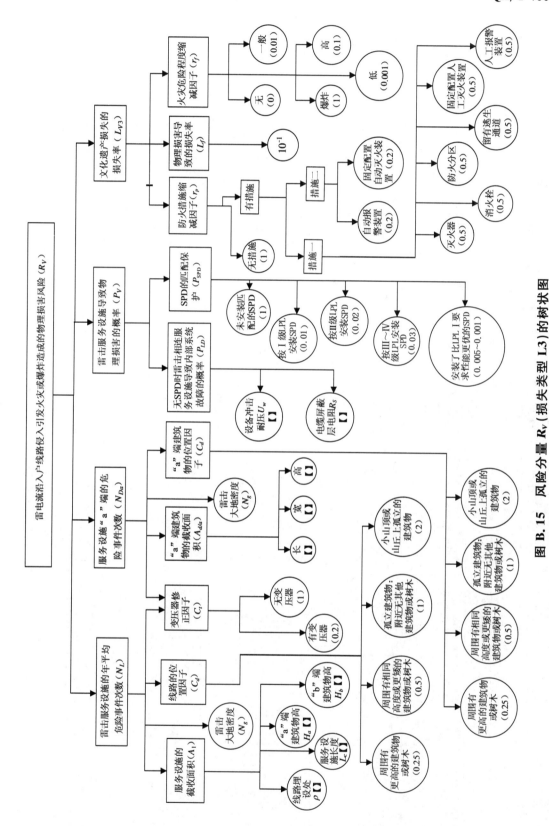

图 B.15 风险分量 R_V（损失类型 L3）的树状图

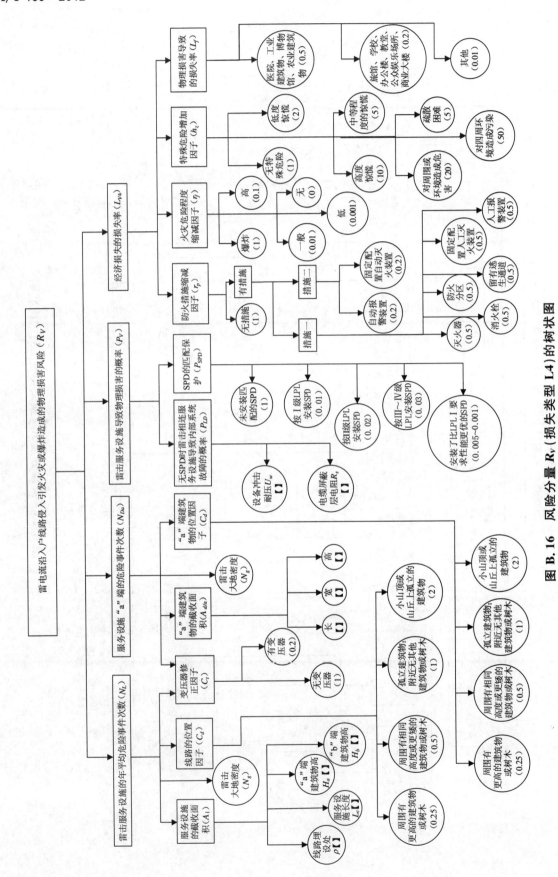

图 B.16 风险分量 R_V（损失类型 L4）的树状图

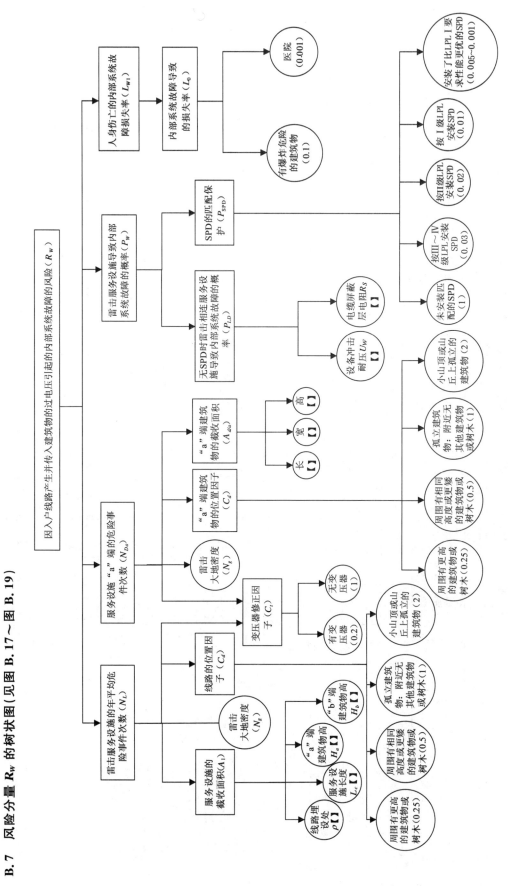

B.7 风险分量 R_w 的树状图（见图 B.17～图 B.19）

图 B.17 风险分量 R_w（损失类型 L1）的树状图

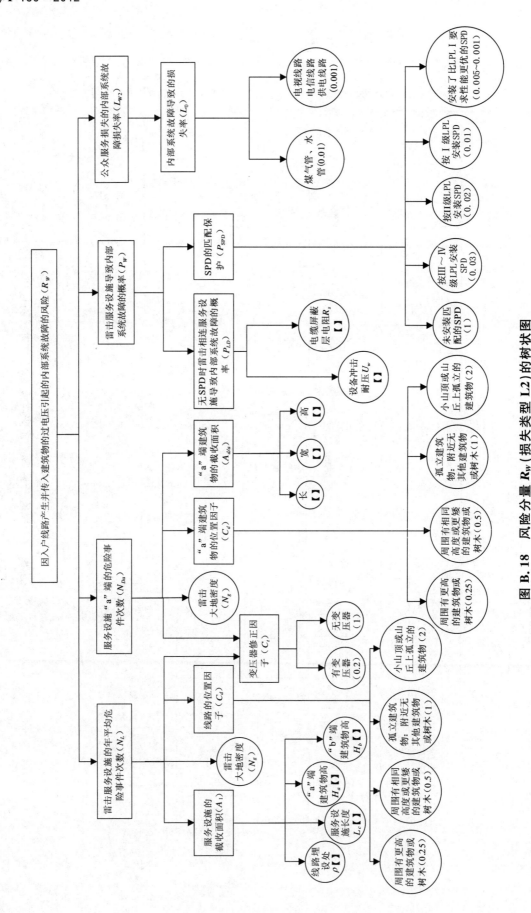

图 B.18 风险分量 R_w（损失类型 L2）的树状图

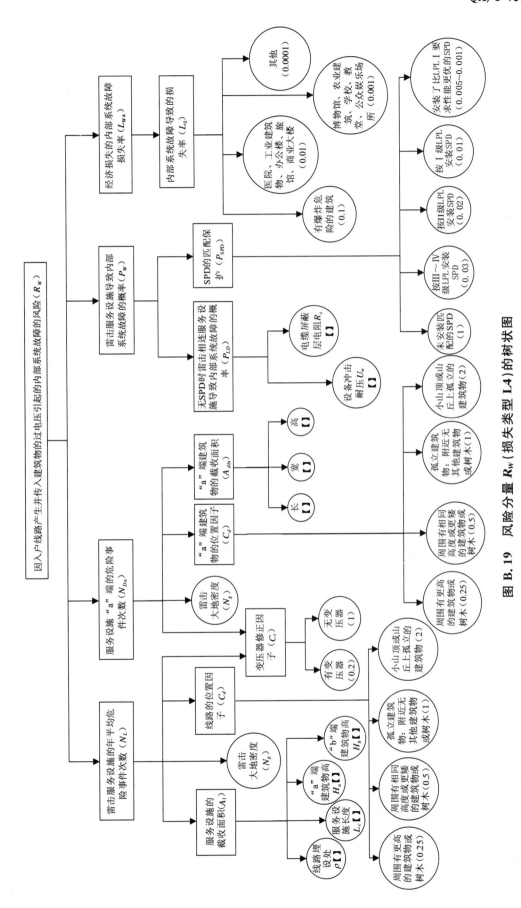

图 B.19 风险分量 R_W（损失类型 L4）的树状图

B.8　风险分量 R_z 的树状图（见图 B.20～图 B.22)

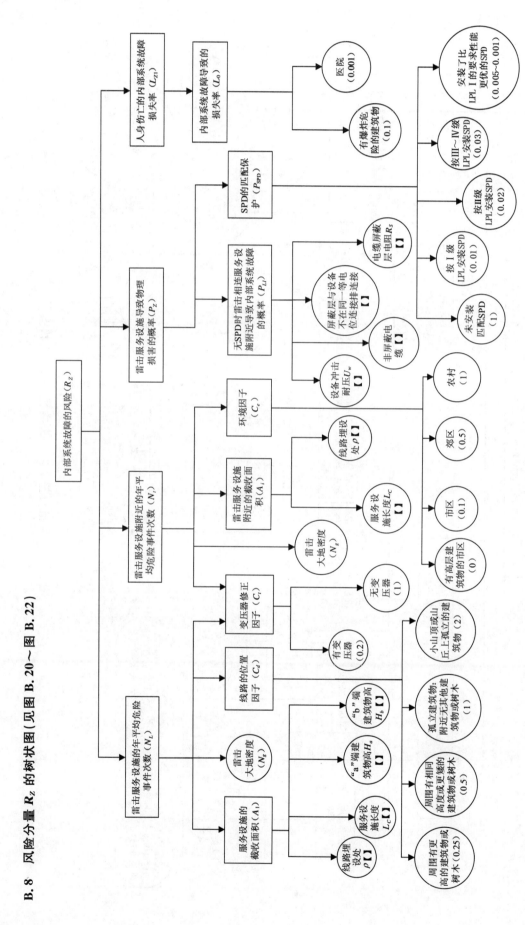

图 B.20　风险分量 R_z（损失类型 L1）的树状图

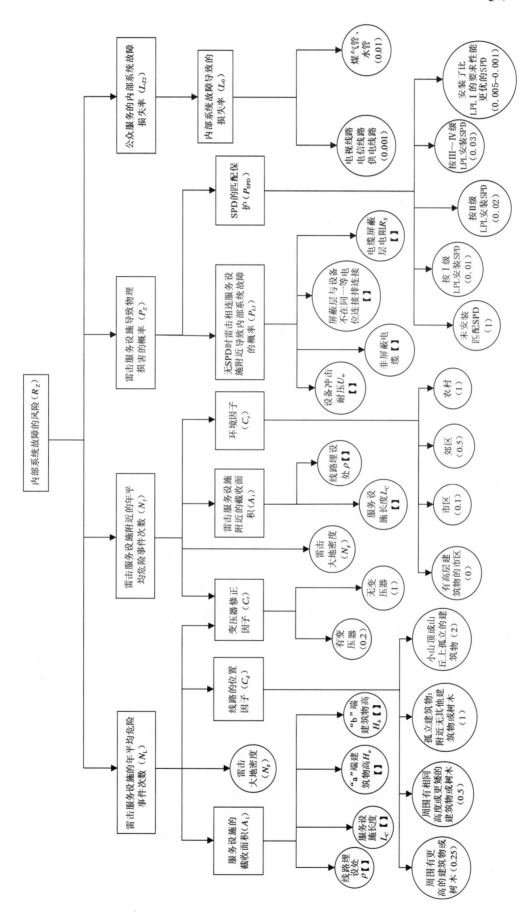

图 B.21 风险分量 R_Z（损失类型 L2）的树状图

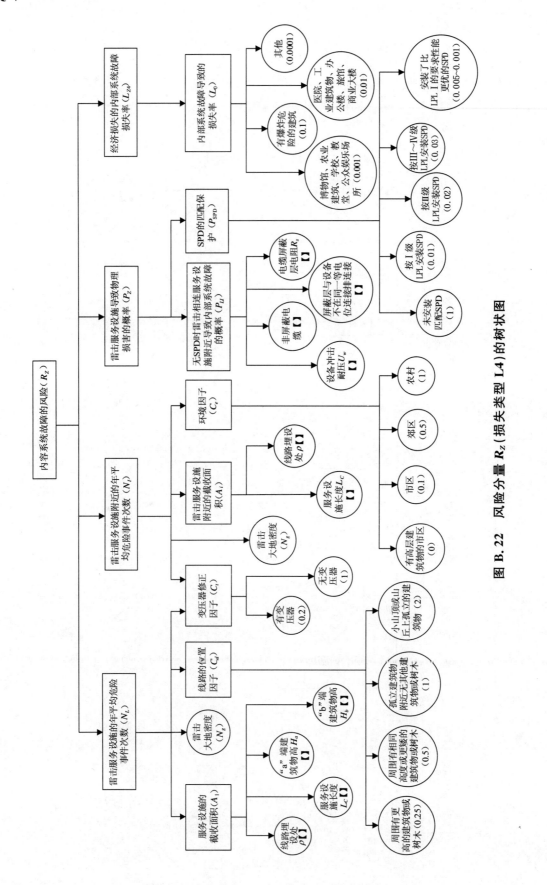

图 B.22 风险分量 R_Z（损失类型 L4）的树状图

ICS 07.060

A 47

备案号：37806—2012

中华人民共和国气象行业标准

QX/T 161—2012

地基 GPS 接收站防雷技术规范

Technical specification for lightning protection of ground-based GPS
receiver station

2012-08-30 发布   2012-11-01 实施

中 国 气 象 局 发 布

前　言

本标准按照 GB/T 1.1—2009 给出的规则起草。

本标准由全国雷电灾害防御行业标准化技术委员会提出并归口。

本标准起草单位：北京市气象局、上海市气象局。

本标准主要起草人：苏德斌、黄晓虹、尚杰、于晖、刘强、侯柳、王建初、宋平健、王力、赵洋、李德平、朱立、潘正林。

地基 GPS 接收站防雷技术规范

1 范围

本标准规定了地基 GPS 接收站雷电防护区及防护等级的划分,直击雷防护,机房、信号系统和电气系统的防护及等电位连接与接地。

本标准适用于新建地基 GPS 接收站的防雷设计和施工。地基 GPS 接收站防雷改造工程的设计和施工可参照执行。

2 规范性引用文件

下列文件对于本文件的应用是必不可少的。凡是注日期的引用文件,仅注日期的版本适用于本文件。凡是不注日期的引用文件,其最新版本(包括所有的修改单)适用于本文件。

GB 50057—2010 建筑物防雷设计规范

GB 50601—2010 建筑物防雷工程施工与质量验收规范

QX 2—2000 新一代天气雷达站防雷技术规范

QX 4—2000 气象台(站)防雷技术规范

QX/T 10.2—2007 电涌保护器 第2部分 在低压电气系统中的选择和使用原则

QX/T 10.3—2007 电涌保护器 第3部分 在电子系统信号网络中的选择和使用原则

3 术语和定义

下列术语和定义适用于本文件。

3.1
全球定位系统 Global Positioning System;GPS

具有在海、陆、空进行全方位实时三维导航与定位能力的新一代卫星导航与定位系统。

3.2
地基 GPS 接收站 ground-based GPS receiver station

依托全球定位系统进行连续 GPS 观测的地面固定站。

3.3
标墩 pier

为固定安装 GPS 接收天线而建立的坚实、稳固的基础。

3.4
电气系统 electrical system

由低压供电组合部件构成的系统,也称低压配电系统或低压配电线路。

3.5
电子系统 electronic system

由敏感电子组合部件构成的系统。

注:电子系统含通信设备、计算机、控制和仪表系统、无线电系统、电力电子装置等。

4 符号和缩略语

下列符号和缩略语适用于本文件。

I_{imp} ——Ⅰ级分类试验的 SPD 的冲击电流。

I_n ——Ⅱ级分类试验的 SPD 的标称放电电流。

U_c ——SPD 的最大持续运行电压。

U_p ——SPD 的电压保护水平。

$U_{p/f}$ ——SPD 的有效电压保护水平。

U_w ——电气系统中设备绝缘耐冲击过电压额定值。

U_0 ——相线对中性线的标称电压。

LPZ——雷电防护区。

SPD——电涌保护器。

5 基本要求

5.1 地基 GPS 接收站建筑物及其设施的直击雷防护设计应符合 GB 50057—2010 中第二类防雷建筑物的要求。

5.2 地基 GPS 接收站防雷设计应在认真调查当地地理、地质、土壤、气象、环境等条件和雷电活动规律及站点特点等基础上,详细研究并确定防雷装置的形式及布置,做到安全可靠、技术先进、经济合理。

5.3 地基 GPS 接收站的电气和电子系统应采用屏蔽、等电位连接、电涌保护、共用接地和合理布线等措施。

5.4 新建地基 GPS 接收站的防雷设计和施工应与地基 GPS 接收站基建设计和施工同步进行。防雷工程的施工应符合 GB 50601—2010 的要求。

6 雷电防护区及防护等级的划分

6.1 雷电防护区划分的原则

按电磁兼容原理,将地基 GPS 接收站建筑物及其设施按需要保护的空间由外到内分为不同的 LPZ,以计算并确定各 LPZ 空间的雷击电磁场的强度及应采取相应的屏蔽措施、确定等电位连接位置和 SPD 的选择。

6.2 雷电防护区划分

6.2.1 LPZ 划分如下:

——LPZ0$_A$ 区:本区内的各物体都可能遭到直接雷击并导走全部雷电流,本区内的雷击电磁场强度没有衰减。

——LPZ0$_B$ 区:本区内的各物体不可能遭到大于所选滚球半径对应的雷电流直接雷击,本区内的雷击电磁场强度仍没有衰减。

——LPZ1 区:本区内的各物体不可能遭到直接雷击,且由于在界面处的分流,流经各导体的电涌电流比 LPZ0$_B$ 区的更小,以及本区内的雷击电磁场强度可能衰减,衰减程度取决于屏蔽措施。

——LPZ2…n 后续防雷区:需要进一步减小流入的电涌电流和雷击电磁场强度时,增设的后续防雷区。

6.2.2 地基 GPS 接收站 LPZ 划分示意见图 1。

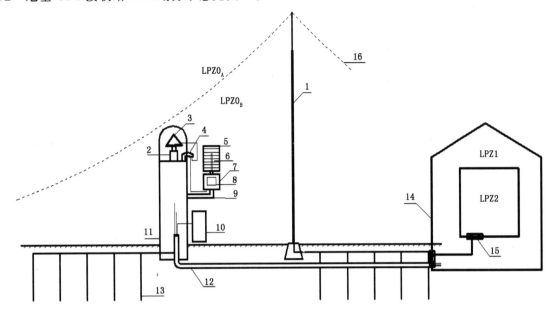

说明：

1——接闪杆；

2——云台；

3——天线；

4——线管；

5——辐射罩；

6——温湿传感器；

7——气压罩；

8——气压传感器；

9——支架；

10——接线板；

11——标墩；

12——金属管屏蔽接地；

13——接地装置；

14——机房；

15——等电位连接导体；

16——按滚球法计算避雷针的保护范围。

图 1   地基 GPS 接收站 LPZ 示意图

6.3   地基 GPS 接收站防雷等级划分

地基 GPS 接收站防雷等级的划分见表 1。

表 1   地基 GPS 接收站防雷等级划分

单位为天

地基 GPS 接收站防雷等级	地基 GPS 接收站所在地区年雷暴日数极值
一等	$d>80$
二等	$30<d\leqslant80$
三等	$d\leqslant30$
注：所在地区年雷暴日数极值 d 应按照当地气象台站最近 30 年的统计数据确定。	

7 地基 GPS 接收站室外设备的直击雷防护

7.1 当地基 GPS 接收站室外设备处于 LPZ0_A 区时,应架设接闪杆进行直击雷防护。接闪杆的高度用滚球法计算确定,滚球半径取 45 m。

7.2 接闪杆与 GPS 天线的水平距离不宜小于 3 m。

7.3 接闪杆的接地应与标墩主钢筋进行电气连接,连接处不应少于两点。

7.4 宜利用接闪杆金属支撑杆作为引下线。当地基 GPS 接收站位于高山上时,宜根据环境情况增设水平状接闪器防止自下而上的闪击。

8 地基 GPS 接收站机房的防护

8.1 地基 GPS 接收站的机房的直击雷防护应符合 5.1 的要求。

8.2 对于钢筋混凝土结构或砖混结构的机房建筑物,应利用地基 GPS 接收站机房内金属构件的多重连接进行等电位连接。在需要做等电位连接的部位,应从建筑物结构主钢筋引出等电位连接预留件备用。预留件的最小截面应符合表 2 的要求。

表 2 防雷装置各连接部件的最小截面

等电位连接部件			材 料	截面/mm²
等电位连接带(铜或热镀锌钢)			铜、铁	50
从等电位连接带至接地装置或 各等电位连接带之间的连接导体			铜	16
			铝	25
			铁	50
从屋内金属装置至等电位连接带的连接导体			铜	6
			铝	10
			铁	16
连接电涌保护器的导体	电气系统	Ⅰ级试验的电涌保护器	铜	6
		Ⅱ级试验的电涌保护器		2.5
		Ⅲ级试验的电涌保护器		1.5
	电子系统	D1 类电涌保护器		1.2
		其他类的电涌保护器 (连接导体的截面可小于 1.2 mm²)		根据具体情况确定

8.3 机房建筑物屏蔽应符合 QX 2—2000 中 9.2 的规定。

8.4 所有进入机房的线缆均应采用铠装电缆或敷设在金属管内,铠装电缆的屏蔽层或金属管应在各 LPZ 交界处进行等电位连接。低压配电线与各种信号线应分槽(盒、管)敷设。在机房的建筑物设计和施工时应预留穿管用的孔洞。

8.5 地基 GPS 接收站机房内的设备机柜与机房外墙间距不宜小于 1 m。

8.6 当机房建筑为砖木结构时,应在机房建筑物上布设网格不大于 10 m×10 m 或 8 m×12 m 的接闪网,引下线平均间距不大于 18 m。

9 信号系统的防护

9.1 使用金属电缆时,应选用 SPD 对终端设备进行保护。SPD 的选择和使用应符合 QX/T 10.3—2007 中的要求。

9.2 当传输线架空敷设时,宜在 LPZ0 区与 LPZ1 区交界处选用 D1 类试验的 SPD1;当传输线埋地铺设时,宜在 LPZ0 区与 LPZ1 区交界处或设备端口处选用 B 或 C 类试验的 SPD1。SPD 的 U_c 不小于 1.2 倍的设备工作电压。SPD 的短路电流值应符合 GB 50057—2010 中 4.3.8 第 7 款的规定。

9.3 采用无线传输方式时,传输设备的天馈线应在 LPZ0 区与 LPZ1 区交界处穿金属管屏蔽接地引入。选用 SPD 进行保护时,宜在 LPZ0 区与 LPZ1 区交界处选用 D1 类试验(I_{imp} 不小于 0.5 kA)的 SPD,在 LPZ1 区与 LPZ2 区交界处或设备前端宜选用 B 类或 C 类试验的 SPD。

9.4 SPD1 的 U_p 不大于电子设备 U_w 的 0.8 倍,能对信号线路下游和末端电子设备进行有效限压保护时,可仅在 LPZ0 与 LPZ1 交界处或设备端口处安装一组 SPD1。如果存在如下因素之一时,应考虑在后续防雷区分界处或设备前端安装 SPD2 乃至 SPD3,最终满足设备前端的 SPD 的 U_p 不大于 $0.8U_w$:
 ——SPD1 的 U_p 大于电子设备 U_w 的 0.8 倍;
 ——SPD1 与受保护设备之间距离大于 10 m;
 ——建筑物内部存在雷击感应或内部干扰源产生电磁干扰。

9.5 安装在电子系统信号网络中 SPD 的插入损耗、回波损耗、纵向平衡、近端串扰、特性阻抗、频率范围、传输速率等参数应满足网络信号传输特性的要求。

10 电气系统的防护

10.1 当电源采用 TN 系统时,从地基 GPS 接收站总配电箱起供电给地基 GPS 接收站及其设施的配电线路和分支线路应采用 TN-S 系统。

10.2 在 LPZ0 与 LPZ1 区交界处电源总配电柜上宜选用 I 级分类试验的 SPD1:
 ——一等防雷地基 GPS 接收站宜在每条相线和中性线上选用 I_{imp} 不小于 20 kA 的 SPD;
 ——二等防雷地基 GPS 接收站宜在每条相线和中性线上选用 I_{imp} 不小于 15 kA 的 SPD;
 ——三等防雷地基 GPS 接收站宜在每条相线和中性线上选用 I_{imp} 不小于 10 kA 的 SPD。
 SPD 的 U_p 不大于 2.5 kV。

10.3 在设备前端宜选用 II 级或 III 级分类试验的 SPD2:
 —— 一等防雷地基 GPS 接收站宜在每条相线和中性线上选用 I_n 不小于 20 kA 的 SPD;
 —— 二等防雷地基 GPS 接收站宜在每条相线和中性线上选用 I_n 不小于 15 kA 的 SPD;
 —— 三等防雷地基 GPS 接收站宜在每条相线和中性线上选用 I_n 不小于 10 kA 的 SPD。
 SPD 的 $U_{p/f}$ 不大于 U_w 的 0.8 倍。

10.4 在 TN 系统中,SPD 的 U_c 不小于 $1.15U_0$。在 TT、IT 系统中,U_c 的选择应符合 GB 50057—2010 中表 J.1.1 的要求。

10.5 使用直流电源供电的设备,应在直流电源输出端安装直流 SPD,其 U_c 不小于工作电压的 1.2 倍。

10.6 当地基 GPS 接收站机房和其所在建筑物使用同一配电系统时,在配电系统已经安装有符合 10.2 和 $U_{p/f}$ 小于 $0.8U_w$ 要求的 SPD 时,在上一级 SPD 与设备机柜之间的线路长度小于 10 m 时,可不再加装 SPD;否则,应在设备机柜前端加装末级 SPD 保护。

10.7 对 SPD 的其他要求:
 ——SPD 失效模式为短路形式且内部无脱离器时,SPD 前端应加装过电流保护器件;
 ——SPD 应能承受操作过电压和故障过电压引起的暂时过电压。暂时过电压指标参数要求宜符合 QX/T 10.2—2007 中 7.3.3 和附录 B 的规定；

——所选用的 SPD 其本体或使用说明书上的以下参数：交流（a.c）或直流（d.c）、交流的频率
（48 Hz～62 Hz）、交流或直流的额定电压值、室内或室外使用、海拔高度、环境的温度和湿度、
IP 代码等，应符合实际使用条件（环境）要求；

——SPD 应具备劣化或损坏时的状态指示器；

——当采用"3＋1"或"1＋1"接线形式安装 SPD 时，应计算串联拓扑 SPD 的 U_p 值。

10.8　SPD 两端连线的长度不宜大于 0.5 m，连接导线最小截面应符合表 2 的要求。

11　等电位连接与接地

11.1　地基 GPS 接收站机房内的空调、水管、暖气管等金属管及其他进出机房的金属管或构件均应与
等电位预留件电气连接。

11.2　进出机房的金属管道、信号电缆金属外护层、电力电缆金属铠装层应在地基 GPS 接收站机房的
入口处做等电位连接后与地网连接。在后续 LPZ 的交界处应进行局部等电位连接。等电位连接导体
应符合表 2 的要求。

11.3　室外设备接至机房的所有金属线缆应采用铠装电缆或穿金属管全程埋地敷设，金属铠装层或金
属管首尾两端应电气贯通并两端接地。机房内所有线缆应穿金属管或用屏蔽槽（盒）屏蔽。

11.4　在室外设备接到机房的电缆架空敷设时，金属桥架首尾应电气贯通并接地。桥架宜每隔 30 m 接
地一次，接地点不少于两处。

11.5　地基 GPS 接收站的机房内 PE 线、直流地、屏蔽地、防静电地均应与机房的等电位连接带电气连
接。设备的外露导电部分和 SPD 的接地端也应与等电位连接导体连接，形成 M 型等电位连接网络。

11.6　进入标墩的金属管道、信号电缆金属外护层、电力电缆金属铠装层均应在标墩入口处做等电位连
接后与地网连接，并与标墩周围的金属构件电气连接。

11.7　地基 GPS 接收站的机柜等设备安装在建筑物内的，接地电阻值应符合 QX 4—2000 中 7.6 的
要求。

11.8　单独设置的地基 GPS 接收系统，接地电阻值应符合 QX 2—2000 中 12.4 的要求。

11.9　当地基 GPS 接收站机房与地基 GPS 接收站的标墩的距离在 20 m 以内时，宜将两个地网通过不
少于两根 40 mm×4 mm 的热镀锌扁钢相连接，实现共用接地。热镀锌扁钢的间距不宜小于 5 m。

11.10　地基 GPS 接收站外部安装的装饰用射灯、照明灯及其他用电设备和线路，其防雷措施应符合
GB 50057—2010 中 4.5.4 的要求。

ICS 07.060
A 47
备案号：37807—2012

中华人民共和国气象行业标准

QX/T 162—2012

风廓线雷达站防雷技术规范

Technical specification for lightning protection of wind profiler station

2012-08-30 发布
2012-11-01 实施

中 国 气 象 局 发 布

前　言

本标准按照 GB/T 1.1—2009 给出的规则起草。

本标准由全国雷电灾害防御行业标准化技术委员会提出并归口。

本标准起草单位：北京市气象局、上海市气象局。

本标准主要起草人：苏德斌、黄晓虹、尚杰、于晖、刘强、侯柳、王建初、宋平健、王力、赵洋、李德平、朱立、潘正林。

风廓线雷达站防雷技术规范

1 范围

本标准规定了风廓线雷达站雷电防护区的划分,风廓线雷达天线、机房、线缆的保护,电涌保护器的选择,等电位连接与接地和移动风廓线雷达的保护要求。

本标准适用于新建风廓线雷达站和移动风廓线雷达的防雷设计和施工。风廓线雷达站防雷改造工程的设计和施工可参照执行。

2 规范性引用文件

下列文件对于本文件的应用是必不可少的。凡是注日期的引用文件,仅注日期的版本适用于本文件。凡是不注日期的引用文件,其最新版本(包括所有的修改单)适用于本文件。

GB 50057—2010 建筑物防雷设计规范

GB 50601—2010 建筑物防雷工程施工与质量验收规范

GB 50311—2007 综合布线系统工程设计规范

QX 2—2000 新一代天气雷达站防雷技术规范

QX 4—2000 气象台(站)防雷技术规范

QX/T 10.3—2007 电涌保护器 第3部分 在电子系统信号网络中的选择和使用原则

QX 30—2004 自动气象站场室防雷技术规范

3 术语和定义

下列术语和定义适用于本文件。

3.1

风廓线雷达 wind profiler

风廓线仪

以晴空大气作为探测对象,利用大气湍流对电磁波的散射作用对大气风场等物理量进行探测的遥感设备。

3.2

无线电—声探测系统 radio acoustic sounding system；RASS

将声波波束发向天顶,并通过声波引起散射或反射无线电波的折射指数进行大气探测的系统。

3.3

天线平台 antenna bay

承载雷达天线的建(构)筑物平面。

3.4

防杂波屏蔽网 anti-clutter shield net

用于降低雷达天线周围杂波的干扰,同时减少雷达的无线电电波对周围物体的影响而设计安装的金属围网。

4 符号和缩略语

下列符号和缩略语适用于本文件。

I_{imp} ——Ⅰ级分类试验的 SPD 的冲击电流。

I_n ——Ⅱ级分类试验的 SPD 的标称放电电流。

U_c ——SPD 的最大持续运行电压。

U_{oc} ——Ⅲ级分类试验 SPD 的开路电压。

U_p ——SPD 的电压保护水平。

$U_{p/f}$ ——SPD 的有效电压保护水平。

U_w ——电气系统中设备绝缘耐冲击过电压额定值。

U_0 ——相线对中性线的标称电压。

LPZ——雷电防护区。

SPD——电涌保护器。

5 雷电防护区

5.1 雷电防护区划分原则

按电磁兼容原理,将风廓线雷达站建筑物及其设施按需要保护的空间由外到内分为不同的 LPZ,以计算并确定各 LPZ 空间的雷击电磁场的强度及应采取相应的屏蔽措施、确定等电位连接位置和 SPD 的选择。

5.2 雷电防护区的划分

5.2.1 LPZ 划分如下:

——LPZ0$_A$ 区:本区内的各物体都可能遭到直接雷击并导走全部雷电流,本区内的雷击电磁场强度没有衰减;

——LPZ0$_B$ 区:本区内的各物体不可能遭到大于所选滚球半径对应的雷电流直接雷击,本区内的雷击电磁场强度仍没有衰减;

——LPZ1 区:本区内的各物体不可能遭到直接雷击,且由于在界面处的分流,流经各导体的电涌电流比 LPZ0$_B$ 区的更小,以及本区内的雷击电磁场强度可能衰减,衰减程度取决于屏蔽措施;

——LPZ2…n 后续防雷区:需要进一步减小流入的电涌电流和雷击电磁场强度时,增设的后续防雷区。

5.2.2 风廓线雷达站 LPZ 划分示意见图 1。

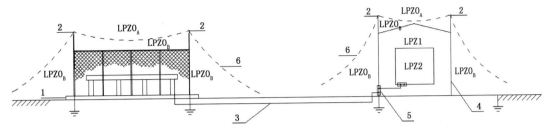

说明：

1——天线平台；

2——LPS；

3——信号电缆埋地引入；

4——起屏蔽作用的建筑物外墙；

5——在不同LPZ界面上的等电位连接带；

6——按滚球法计算的接闪杆保护范围。

图 1　风廓线雷达站LPZ划分示意图

6　一般要求

6.1　在进行风廓线雷达站防雷设计时，应认真调查当地的地理、地质、气象、环境等条件和雷电活动规律，并根据风廓线雷达站的特点，进行全面规划，综合防护。

6.2　风廓线雷达站的防雷设计和施工应与风廓线雷达站基建设计和施工同步。

6.3　风廓线雷达站建筑物外部防雷装置应按 GB 50057—2010 中对第二类防雷建筑物的要求进行设计，按 GB 50601—2010 的要求进行施工和质量验收。

6.4　风廓线雷达站内部防雷和雷击电磁脉冲(LEMP)的防护设计应在外部防雷的基础上按照风廓线雷达站防雷等级采取相应防雷措施。风廓线雷达站防雷等级划分见表1。

表 1　风廓线雷达站防雷等级划分

单位为天

风廓线雷达站防雷等级	风廓线雷达站所在地区年雷暴日数极值
一等	$d > 80$
二等	$30 < d \leqslant 80$
三等	$d \leqslant 30$
注：所在地区年雷暴日数极值 d 应按照当地气象台站最近30年的统计数据确定。	

6.5　当电源采用 TN 系统时，从风廓线雷达站总配电箱起供电给风廓线雷达站及其设施的配电线路和分支线路应采用 TN—S 系统。

7　雷达天线的保护

7.1　没有设置防杂波屏蔽网的风廓线雷达，宜在其附近安装独立接闪杆进行保护，使风廓线雷达天线和天线平台处于 LPZ0$_B$ 区内，接闪杆保护范围用滚球半径 45 m 计算确定。针杆与风廓线雷达天线的水平距离不宜小于 3 m，接闪杆的安装位置不应对风廓线雷达波瓣产生影响。

7.2　有防杂波屏蔽网的风廓线雷达，应在防杂波屏蔽网四角的支撑杆上各设置一根接闪杆，使风廓线雷达天线和天线平台处于 LPZ0$_B$ 区内,杆的高度用滚球法计算确定,但不应低于防杂波屏蔽网 1 m。每根接闪杆应设置专用引下线接至共用接地网上。在防杂波屏蔽网的上下边沿应设置两个均压环,在防杂波屏蔽网的四角,应将引下线与防杂波屏蔽网的支撑金属物及上下两层均压环进行电气连接并接地。

7.3 风廓线雷达天线应从天线平台基础内均匀地引出四组以上长度 150 mm 的钢筋,将平台防杂波屏蔽网与其电气连接。接闪杆和天线平台上所有金属组件均应与预留钢筋焊接。

7.4 当设置在建筑物屋面的风廓线雷达天线不在建筑物接闪器保护范围内时,应设置不少于两根接闪杆进行保护,每根接闪杆应使用 $\varnothing$10 圆钢或 40 mm×4 mm 扁钢在两个不同方向上与建筑物屋面的防雷装置电气连接。

7.5 配置有无线电—声探测系统(RASS)的风廓线雷达系统,RASS 发射天线应置于接闪器的保护范围内。

7.6 位于高山上的风廓线雷达站宜设置水平接闪杆防止自下而上的雷击。

8 机房的保护

8.1 当机房建筑物为钢筋混凝土结构或砖混结构时,应利用机房建筑物内金属构件的多重连接以实现等电位连接。在需要做等电位连接的部位,应从建筑物结构主钢筋引出等电位连接预留件备用。等电位连接导体的最小截面应符合表 2 中的要求。

表 2 防雷装置各连接部件的最小截面

等电位连接部件			材　料	截面/mm^2
等电位连接带(铜或热镀锌钢)			铜、铁	50
从等电位连接带至接地装置或各等电位连接带之间的连接导体			铜	16
			铝	25
			铁	50
从屋内金属装置至等电位连接带的连接导体			铜	6
			铝	10
			铁	16
连接电涌保护器的导体	电气系统	Ⅰ级试验的电涌保护器	铜	6
		Ⅱ级试验的电涌保护器		2.5
		Ⅲ级试验的电涌保护器		1.5
	电子系统	D1 类电涌保护器		1.2
		其他类的电涌保护器(连接导体的截面可小于 1.2 mm^2)		根据具体情况确定

8.2 风廓线雷达站机房建筑物的直击雷防护应符合 6.3 的要求。

8.3 机房建筑物屏蔽应符合 QX 2—2000 中 9.2 的规定。

8.4 所有进入机房内的铠装电缆的铠装层或其他线缆所穿的金属管应在各 LPZ 交界处进行等电位连接。在机房的建筑物设计和施工时应预留穿管用的孔洞和等电位连接导体。

8.5 机房内配电线与各种信号线应分槽(盒、管)敷设,布线应符合 GB 50311—2007 的要求。

8.6 风廓线雷达站机房内的设备机柜与机房外墙水平距离不宜小于 1 m。

8.7 当机房建筑为砖木结构时,应在机房建筑物上布设网格不大于 10 m×10 m 或 8 m×12 m 的接闪网,引下线平均间隔不应大于 18 m。

8.8 当机房建筑物为彩钢板、铝板等金属屋面时,应符合 GB 50057—2010 中 5.2.7 的规定。

9 线缆的保护

9.1 低压配电线缆应采用铠装电缆或穿金属管,宜全程埋地引入机房,铠装层或金属管应首尾电气贯通并与两端接地装置进行等电位连接。

9.2 使用含有金属加强芯及金属外护层的光缆传输时,应将金属加强芯和金属外护层在进入光端盒前 50 mm 处剪断隔离,外侧金属物应连接到等电位连接导体上。

9.3 进出机房的信号传输金属线缆应穿金属管引入,金属管应首尾电气贯通并与两端接地装置进行等电位连接。

9.4 数据传输线路采用无线传输方式时,传输设备的馈线应穿金属管或屏蔽接地引入,并在各 LPZ 交界处进行等电位连接。

9.5 在难于实现全程埋地的情况下,进出机房的电缆架空敷设时,金属桥架首尾应电气贯通并接地。桥架宜每隔 30 m 接地一次。

10 电涌保护器的选择

10.1 低压配电系统

10.1.1 在风廓线雷达站内低压总配电柜上应选择 I 级分类试验的 SPD1,其主要技术参数指标应符合下列要求:

——每一保护模式上的 I_{imp} 不应小于表 3 中的要求;
——在 TN 系统中,SPD1 的 U_0 值不应小于 $1.15 U_0$;
——U_p 不应大于 2.5 kV。

10.1.2 当 SPD1 的 U_p 大于 $0.8 U_w$ 时,或 SPD1 与被保护设备之间的线路长度大于 10 m 或线路中有其他干扰源时,宜在靠近被保护设备的配电箱上安装 II 级或 III 级分类试验的 SPD2,其主要技术参数指标应符合下列要求:

——每一保护模式上的 I_n 或 U_{oc} 值不应小于表 3 中的要求;
——在 TN 系统中,SPD1 的 U_c 值不应小于 $1.15 U_0$;
——SPD 的 $U_{p/f}$ 应低于 U_w 的 0.8 倍。

表 3 SPD 相关参数值的选择

风廓线雷达站防雷等级	SPD1	SPD2	
	I_{imp}(10/350 μs)	I_n(8/20μs)	U_{oc}(1.2/50 μs)
一等	20 kA	15 kA	\
二等	15 kA	10 kA	20 kV
三等	12.5 kA	5 kA	10 kV

10.1.3 多级 SPD 之间应实现能量配合,开关型 SPD 与限压型 SPD 之间线路长度不宜小于 10 m;限压型 SPD 之间线路长度不宜小于 5 m。如 SPD 之间线路长度小于上述要求时,其间应加退耦元件。如 SPD 本身已具备能量配合措施,则不必再另加退耦元件。

10.1.4 SPD 接线方式见表 4。当采用"3＋1"或"1＋1"接线方式时,连接在 N－PE 间的 SPD 的放电电流值应为连接在 L－N 间的 SPD 的放电电流值的 4 倍(三相系统)或 2 倍(单相系统)。当采用这种接线方式时,L－PE 间的 SPD 的实测限制电压值不应大于 10.1.1 和 10.1.2 中的要求。

表 4 按系统接地形式确定的 SPD 的连接

SPD 接于	电涌保护器安装点的系统接地形式								
	TT 系统		TN－C 系统	TN－S 系统		引出中性线的 IT 系统		不引出中性线的 IT 系统
	装设依据			装设依据		装设依据		
	接线形式 1	接线形式 2		接线形式 1	接线形式 2	接线形式 1	接线形式 2	
每一相线和中性线间	＋	●	不适用	＋	●	＋	●	不适用
每一相线和 PE 线间	●	不适用	不适用	●	不适用	●	不适用	●
中性线和 PE 线间	●	●	不适用	●	●	●	●	不适用
每一相线和 PEN 线间	不适用	不适用	●	不适用	不适用	不适用	不适用	不适用
相线间(L－L 间)	＋	＋	＋	＋	＋	＋	＋	＋

●:应装设 SPD。
＋:需要时可增设 SPD(适用于横向保护)。

10.1.5 SPD 两端连接导线的最小截面应符合表 2 的要求。

10.1.6 SPD 两端连接导线应短而直,连线总长度不宜大于 0.5 m。

10.2 信号传输系统

信号传输系统中的 SPD 应按 QX/T 10.3—2007 的要求进行选择和安装。

11 等电位连接与接地

11.1 风廓线雷达站安装天线的基础接地体应围绕着防杂波屏蔽网敷设成 1 m×1 m 的网格,见图 2。接地电阻值应符合 QX 2—2000 中 12.4 的要求,并根据天线构件安装位置预留不少于 4 个接地端子。

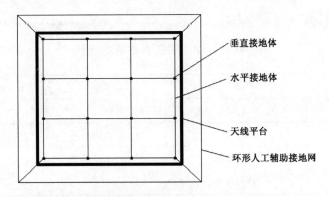

图 2 防杂波屏蔽网外埋设环形地网示意图

11.2 风廓线雷达站天线基础上的所有金属构件(含 RASS 系统的金属构件)、管道、信号电缆所穿金属管、电力电缆金属铠装层或所穿金属管均应在天线平台入口处做等电位连接,并与附近的金属构件电气连接。设置在建筑物屋面上的雷达天线(含 RASS 系统的),其所有金属构件均应作等电位连接,并与建筑物的避雷引下线连接,连接点不应少于两处。

11.3 风廓线雷达站的机柜等设备安装在建筑物内时,其接地电阻值应符合 QX 4—2000 中 7.6 的要求。单独设置的风廓线雷达站可参照执行。

11.4 风廓线雷达站的天线周围有防杂波屏蔽网时,宜在防杂波屏蔽网外埋设环形人工辅助接地网,该环形水平接地体宜敷设在散水坡以外,并在不同方向用四根以上 40 mm×4 mm 的热镀锌扁钢或 ∅12 热镀锌圆钢与天线基础钢筋电气连接,见图 2。

11.5 雷达站机房与天线平台的距离在 20 m 以内时,宜将两个地网通过不少于两根 40 mm×4 mm 的热镀锌扁钢相连接。镀锌扁钢的间距不宜小于 5 m。

11.6 风廓线雷达站外部安装的装饰用射灯、照明灯及其他用电设备和线路,其防雷措施应符合 GB 50057—2010 中 4.5.4 的要求。

12 移动风廓线雷达的保护

12.1 移动风廓线雷达固定场地应按照本标准的要求采取防雷措施。

12.2 移动风廓线雷达车上应引出不少于 4 根金属编织带或铜绞线与地网进行电气连接,金属编织带或铜绞线的最小截面不应小于 50 mm^2。移动风廓线雷达处于场地已设置的接闪器保护范围内时,车体内的接闪杆可不升起。

12.3 移动风廓线雷达在临时工作场地的防雷保护措施应符合附录 A 的要求。

附 录 A

（规范性附录）

移动风廓线雷达的雷电防护措施

A.1 移动风廓线雷达车防雷措施

A.1.1 接闪器

A.1.1.1 移动风廓线雷达车上应装配可升降的车载接闪杆一支。接闪杆的最大抬升高度应满足按滚球半径为 45 m 计算时，能将风廓线雷达天线和车身置于 LPZ0$_B$ 区的要求。

A.1.1.2 当移动风廓线雷达车上带自动气象站时，如风杆的高度能将风廓线雷达天线和车身置于 LPZ0$_B$ 区时，可不再装配车载接闪杆。风杆的安装和引下线敷设应符合 QX 30—2004 中 7.2 的规定。

A.1.2 引下线

应利用车载接闪杆或风杆作为引下线，并与车体金属框架电气连接。在车体金属框架四角应设置等电位连接板，并使用 4 根截面积不小于 50 mm^2 的金属编织带或铜绞线与等电位连接板电气连接供连接接地线用。金属编织带或铜绞线的长度不宜小于 2 m。

A.1.3 接地体

A.1.3.1 移动风廓线雷达车上应装配如下两种接地体：

——4 根长度不小于 2.5 m 的角钢或钢管作为垂直接地体。角钢尺寸不应小于 50 mm×50 mm×5 mm，钢管直径不应小于 25 mm，壁厚不应小于 2 mm。同时应配备每根长度不小于 10 m 的4 根接地线。接地线可使用金属编织带或铜绞线，其截面积不应小于 50 mm^2。

——在车身上装配可转动的线盘，线盘上缠绕长度不小于 60 m 的金属编织带作为水平接地极。编织带的截面积不应小于 50 mm^2。同时应配备大号金属鳄鱼夹 12 只和尺寸不小于 200 mm×200 mm×4 mm 的铁板 12 块。

A.1.3.2 当移动风廓线雷达的临时工作场地地面为土壤，能打入垂直接地体时，应在移动风廓线雷达车四角距车体 10 m 处打入垂直接地体，并使用接地线将垂直接地体与车体上的等电位连接板或预留的金属编织带（或铜绞线）相连。

A.1.3.3 当移动风廓线雷达的临时工作场地为硬性地面或岩石，不能打入垂直接地体时，应从车身线盘上拉出金属编织带在车身周围地面铺设成直径不小于 10 m 的圆环。该圆环铺设完成后，应使用金属编织带从 4 个不同方向将圆环与车体上的等电位连接板或预留的金属编织带（或铜绞线）相连。水平接地体的搭接处应使用金属鳄鱼夹夹紧，并用铁板压实。铺设完成后宜在铁板上洒水，以增加水平接地体的电导率。

A.1.4 等电位连接

A.1.4.1 移动风廓线雷达车内所有金属构件应与车身金属框架实现电气连接。当移动风廓线雷达有两辆或两辆以上的车辆组成时，各车的接地网应实现两条或两条以上的等电位连接。

A.1.4.2 移动风廓线雷达设备的工作接地、配电线路的保护接地和连接到电气系统、电子系统的 SPD 接地线均应就近连接到与车身金属框架相连的等电位连接带上。

A.2 长时间工作场地的防护要求

A.2.1 当移动风廓线雷达在某地工作时间较长(3 天及其以上),宜按 12.1 的规定设置独立接闪杆进行直击雷防护。接闪杆的接地应与 A.1.3 规定的接地体相连。

A.2.2 为防止跨步电压造成的人员伤害,在接地极或水平接地网附近应设置明显的警示标志,在车门和工作人员经常出入或经过的地带应铺设绝缘垫或等电位地网。

ICS 07.060
A 47
备案号：37808—2012

中华人民共和国气象行业标准

QX/T 163—2012

空盒气压表(计)温度系数箱测试方法

Test method of temperature calibration device for
aneroid barometer(barograph)

2012-08-30 发布   2012-11-01 实施

中国气象局 发布

前　言

本标准按照 GB/T 1.1—2009 给出的规则起草。

本标准由全国气象仪器和观测方法标准化技术委员会(SAC/TC 507)提出并归口。

本标准起草单位:黑龙江省气象局、内蒙古自治区气象局。

本标准主要起草人:邓树民、张纯钧、张维、王朝敏、刘长青、梁桂彦、徐嘉、王海。

空盒气压表(计)温度系数箱测试方法

1 范围

本标准规定了空盒气压表(计)温度系数箱(简称温度系数箱)技术性能的测试方法。
本标准适用于新制造、使用中的温度系数箱的性能测试。

2 术语和定义

下列术语和定义适用于本文件。

2.1

温度系数箱 temperature calibration device
用于测试空盒气压表(计)温度系数的装置。

2.2

温度波动度 fluctuation range of temperature
温度系数箱内工作区域中心点位置,温度在稳定期间内最大变化量的正负二分之一。
注:单位为℃。

2.3

温度均匀度 uniformity range of temperature
温度系数箱内工作区域各位置测点,温度各次测量最大差值的平均值。
注:单位为℃。

2.4

温度控制偏差 deviation of temperature control
温度系数箱内工作区域中心点位置,实测温度平均值与设定温度值的差值。
注:单位为℃。

3 测试仪器和测试环境

3.1 测试仪器

3.1.1 数字式铂电阻温度表(计),主要技术参数如下:
a) 测量范围:−10 ℃～+45 ℃;
b) 最大允许误差:±0.2 ℃;
c) 分辨力:0.01 ℃。

3.1.2 计时器或秒表

3.2 测试环境

工作室的环境温度:15 ℃～30 ℃。
温度系数箱在测试时应保持箱内气压与外部气压相通。

4 测试方法

4.1 测试仪器布置

在温度系数箱内工作平面设置 3 个测试点,其中 B 点位于平面中央,A 点和 C 点距检定箱内壁应大于箱边长的 1/10(具体布点位置见图 1 中 A、B、C)。每个测试点放置一个数字式铂电阻温度表(计)测头。

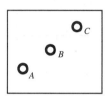

图 1　测试点位置

4.2 测试点

选择 0 ℃和 30 ℃作为温度测试点,0 ℃点应控制在 0 ℃～5 ℃,30 ℃点应控制在 25 ℃～30 ℃。

4.3 测试步骤

开机并设置好测试温度,当 B 点温度达到设定值并稳定 10 分钟后,开始读记箱内各测点温度,然后每隔 5 分钟再读记一次,共读取 12 次。

一个温度测试点结束后再按上述方法进行另一个温度点的测试。

5 数据处理

5.1 根据式(1)计算出温度系数箱内某一温度测试点的温度波动度 Δt_b:

$$\Delta t_b = \pm \frac{1}{2}(t_{omax} - t_{omin}) \quad\quad\quad \cdots\cdots\cdots\cdots\cdots\cdots (1)$$

式中:

t_{omax} ——同一温度测试点箱内 B 点位置 12 次测值中的最高温度,单位为摄氏度(℃);

t_{omin} ——同一温度测试点箱内 B 点位置 12 次测值中的最低温度,单位为摄氏度(℃)。

以两个温度点测得的波动度中的较大值作为该温度系数箱的温度波动度。

5.2 根据式(2)计算出某温度测试点箱内的温度均匀度 Δt_j:

$$\Delta t_j = \frac{1}{12}\sum_{i=1}^{12}(t_{imax} - t_{imin}) \quad\quad\quad \cdots\cdots\cdots\cdots\cdots\cdots (2)$$

式中:

t_{imax} ——同一温度测试点箱内各位置测点在第 i 次测量中测得的最高温度,单位为摄氏度(℃);

t_{imin} ——同一温度测试点箱内各位置测点在第 i 次测量中测得的最低温度,单位为摄氏度(℃)。

以两个温度测试点测得的均匀度较大值作为该温度系数箱的温度均匀度。

5.3 根据式(3)计算出某温度测试点温度系数箱的温度控制偏差 Δt_c:

$$\Delta t_c = |t_p - t_s| \quad\quad\quad \cdots\cdots\cdots\cdots\cdots\cdots (3)$$

式中:

t_p ——箱内 B 点位置在 1 小时内的实测温度平均值,单位为摄氏度(℃);

t_s——箱内温度设定值,单位为摄氏度(℃)。

以两个温度测试点测得的温度控制偏差较大值作为该温度系数箱的温度控制偏差。

6 测试报告

测试后应出具测试报告,测试报告中应包括测试所使用的主要计量器具、测试环境条件和测试结果。

ICS 07.060

A 47

备案号：37809—2012

中华人民共和国气象行业标准

QX/T 164—2012

温室气体玻璃瓶采样方法

Greenhouse gases sampling by pyrex flask

2012-08-30 发布
2012-11-01 实施

中 国 气 象 局 发 布

前　言

本标准按照 GB/T 1.1—2009 给出的规则起草。

本标准由全国气象防灾减灾标准化技术委员会(SAC/TC 345)提出并归口。

本标准起草单位:中国气象科学研究院。

本标准主要起草人:周凌晞、姚波、刘立新、张芳、温民、张晓春。

引　言

　　研究温室气体的时空分布、变化趋势和源汇状况是国家应对气候变化、制定相关政策的基础。建立标准化的温室气体玻璃瓶采样方法，是获取长期、准确、具有地域代表性和国际可比性的温室气体观测资料的前提和关键。

温室气体玻璃瓶采样方法

1 范围

本标准规定了温室气体硬质玻璃瓶采样系统的组成、采样环境、采样时间、采样流程、样品的包装、储存和运输、采样瓶的前处理和后处理、信息记录格式、质量控制方法等。

本标准适用于气象、环境等科研和业务部门采集本底地区的大气样品，以进行二氧化碳、甲烷、氧化亚氮、六氟化硫、氢氟碳化物、全氟化碳、氟氯碳化物、氢氟氯碳化物、哈龙等长寿命温室气体的高精度浓度分析。

本标准不适用于臭氧等反应活性温室气体的采样观测。

2 规范性引用文件

下列文件对于本文件的应用是必不可少的。凡是注明日期的引用文件，仅注日期的版本适用于本文件。凡是不注日期的引用文件，其最新版本(包括所有的修改单)适用于本文件。

GB/T 191 包装储运图示标志

3 术语和定义

下列术语和定义适用于本文件。

3.1

温室气体 greenhouse gas

大气中能够吸收红外辐射的气体成分，主要包括水汽(H_2O)、二氧化碳(CO_2)、甲烷(CH_4)、氧化亚氮(N_2O)、六氟化硫(SF_6)、氢氟碳化物(HFCs)、全氟化碳(PFCs)和臭氧(O_3)等。

3.2

采样瓶 sampling flask

经超声清洗和高温灼烧等预处理，有较好的化学稳定性及气密性的耐热、硬质玻璃瓶。

3.3

瓶采样 flask sampling

一种以硬质玻璃瓶为容器，采集特定时间段的大气样品，并在一定储运时间内，能保持样品中温室气体成分和浓度不变的采样技术。

3.4

采样点 sampling site

监测区域内采集样品的具体位置。

3.5

本底大气 background atmosphere

远离局地排放源、不受局地环境直接影响、基本混合均匀的大气。

3.6

排放源 emission source

目标物质的源地，即向环境排放目标物质的场所、设备或装置。按属性可分为天然排放源和人为排放源。

4 采样系统

4.1 组成

采样系统包括硬质玻璃采样瓶、采样器和除湿装置。其中,采样器包括进气管、采样泵(带供电设备)、压力表、流量计、控制阀等(见图1)。

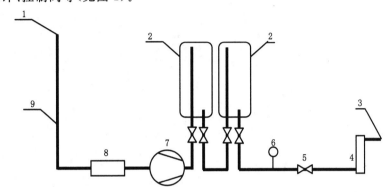

说明:

1——空气入口;

2——采样瓶;

3——出气口;

4——流量计;

5——控制阀;

6——压力表;

7——采样泵;

8——冷阱;

9——进样管。

图 1 采样系统示意图

4.2 原理

采样泵选用无油惰性隔膜泵,将经除湿后的本底大气压入事先用现场新鲜空气充分清洗过的玻璃采样瓶内至预定压力。

4.3 性能指标

4.3.1 采样瓶

材质为耐热玻璃,耐压大于 0.25 MPa,体积应大于进行各种待测组分实验室分析所需气体体积的总和(一般为 2 L~3 L)。为防止采样瓶超压意外炸裂伤人,采样瓶体外侧应有防爆保护层。采样瓶含有进气口和出气口,其中进气口伸入采样瓶底以便冲洗完全。采样瓶的材料对分析组分呈惰性,采样瓶口采用无油惰性密封阀(见图2)。

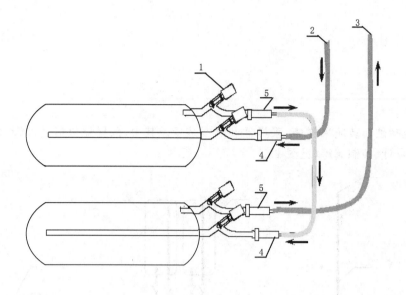

说明：

1——密封阀；

2——接泵口；

3——出气口；

4——玻璃瓶进气口；

5——玻璃瓶出气口。

图2　采样瓶及双瓶串联采样连接示意图

4.3.2　采样器

进气管壁厚 1 mm～2 mm，内径 5 mm～10 mm，材质为聚四氟乙烯，采样流量 5 L/min～10 L/min，长度应保证进气口与采样瓶的垂直距离大于 5 m。

采样泵为化学性能稳定的电驱动无油隔膜泵，如采用蓄电池供电，则蓄电池电量应能保障整个采样过程(持续供电时间大于 0.5 h)有效。在有供电条件的地区，尤其是高寒条件下的冬季，应采用经变换后直流在线供电方式。

为避免采样器各部件(如管路、隔膜泵及密封阀等)的材质对样品气化学组分的干扰，所需部件材质均应采用化学性能稳定的惰性材料构成。

4.3.3　除湿装置

宜采用半导体冷阱初步去除大气样品中的大部分水汽，采样样品露点温度小于 5 ℃。在去除水汽过程中，应注意不能使用影响待测温室气体浓度的干燥剂或其他干燥方式。

5　采样条件

5.1　总体要求

采集在一定区域范围的混合均匀的大气样品。

5.2　具体采样条件

5.2.1　气象条件

采样点地面风速大于 2 m/s，且无降水、沙尘、雾、霾、雷暴等不利天气。

5.2.2 采样点

周边地形应较为开阔、平坦,位于附近排放源的上风位置。采样点与高于采样口的障碍物之间的距离应大于该障碍物高度的 20 倍。

5.2.3 采样时间

在平原站点,应在午后对流旺盛的时段采样。在孤立的高山站点,应在下坡风时段采样。其他站点(如海上采样点)根据具体情况确定。

6 采样流程

6.1 采样瓶前处理

将采样瓶抽真空至 0.08 Pa,放置 24 h 并检查真空度。真空度大于 0.47 Pa 则检漏通过。充入含有较低二氧化碳摩尔分数(约 330×10^{-6})的自然干洁空气至稍高于 0.1×10^6 Pa,密封。

6.2 安装

检查进样管和采样瓶,确保采样瓶密封良好。将一对采样瓶以串联方式接入采样气路并固定,在进气口和采样瓶之间安装除湿冷阱,保证连接处气密性良好并避免阳光直射。直立采样进气管,进气管顶端向下弯曲(参见图 2),采样口距地面高度大于 5 m。

6.3 冲洗

开启半导体制冷器。打开采样瓶的进气口和出气口的密封旋柄,在采样系统气路完全开通的情况下,启动采样泵,以不小于 5 L/min 的流速,用经过除湿的本底大气对采样瓶和连接管路进行充分冲洗,冲洗体积一般不小于采样瓶体积的 10 倍。根据冲洗体积和冲洗流量确定冲洗时间。

6.4 充气

冲洗结束后,关闭控制阀,利用采样泵将空气样品压缩进采样瓶。瓶内气压达到预定气压(由采样瓶耐压能力及样品分析量的要求确定)后,关闭采样泵并立刻拧紧采样瓶进气口和出气口的密封旋柄。

6.5 结束

从采样器上卸下采样瓶,将采样瓶放回运输箱。

7 信息记录

在采样记录单(样式参见附录 A)中填写站名、站号、采样瓶瓶号及采样日期、采样时间、电池电压、流量、气压等,并记录采样过程中的天气条件、污染活动和其他相关信息。

8 样品包装、储存和运输

8.1 包装

应采用专用储运箱包装,箱外粘贴符合 GB/T 191 规定的"易碎物品"、"向上"、"怕雨"等标志。

8.2 储存

应常温、避光储存。

8.3 运输

应避免挤压、碰撞等。

9 质量控制和质量保证

采样瓶处于冲洗和采样状态时,采样操作人应处在采样器下风向大于 10 m 处。

每次应同时串联采集至少两瓶大气样品。

样品应在一年内完成分析。

附　录　A
（资料性附录）
温室气体玻璃瓶采样记录单样式

收到日期：　　　　　收件人：　　　　　寄出日期：　　　　　发件人：

收到日期：

站大气采样记录单

NO	瓶号	采样日期（年/月/日）	北京时间（时/分）	气温	相对湿度（%）	地面风向	地面风速（m/s）	电池电压（V）	流量（LPM）	压力（PSI）	天气现象	备注	观测员

备注栏（请参考以下内容对应填写）：

天气现象：晴，多云，阴，雾，霾，最近三天内有无雨，雪，大风等异常天气；

周围环境：有无火烧，放牧，群体活动等；

人员情况：采样点附近有无其他人员，车辆等；

意外情况：采样过程中突然发生的情况，如采样器故障，采样瓶破损或观测员特殊原因等

注意：1．每箱样品填写一份记录表，并随同样品寄送（请将此记录表置于采样箱海绵垫和纸箱盖之间）。记录表请站上自行备份；

2．采样时间：每周三采样，如果当天不符合采样条件，可顺延至第二天，但不能漏采；高山站上午8:00左右，其他站点下午14:00左右，如此时间
段内不符合采样条件，如风速过小、采样器故障或发生污染事件等，采样时间顺延。

ICS 07. 060
A 47
备案号：39809—2013

中华人民共和国气象行业标准

QX/T 165—2012

人工影响天气作业用 37 mm 高炮
安全操作规范

Specifications for safety operation of 37 mm anti-aircraft gun
used for weather modification activities

2012-11-29 发布   2013-03-01 实施

中 国 气 象 局 发 布

前　言

本标准按照 GB/T 1.1—2009 给出的规则起草。

本标准由全国人工影响天气标准化技术委员会(SAC/TC 538)提出并归口。

本标准起草单位:497 厂、重庆北方软件有限责任公司、中国气象科学研究院。

本标准主要起草人：王仲斌、高仲宁、龚固宾、李再军、王志刚、马官起、李定才、高芸、孟旭、邵洋、陈伟。

人工影响天气作业用 37 mm 高炮安全操作规范

1 范围

本标准规定了使用 37 mm 高炮(简称高炮)实施人工影响天气作业时操作员的安全操作规范。包括射前准备、射击、故障排除及射后处理等安全操作内容。

本标准适用于使用 37 mm 高炮人工防雹增雨弹所进行的人工影响天气安全作业。

注:本文操作图以 65 式 37 mm 高炮为例。

2 规范性引用文件

下列文件对于本文件的应用是必不可少的。凡是注日期的引用文件,仅注日期的版本适用于本文件。凡是不注日期的引用文件,其最新版本(包括所有的修改单)适用于本文件。

QX/T 17—2003 37 mm 高炮防雹增雨作业安全技术规范

QX/T 18—2003 人工影响天气作业用 37 mm 高射炮技术检测规范

3 术语和定义

下列术语和定义适用于本文件。

3.1

火炮 gun

用于发射人工防雹增雨弹的 37 mm 高炮。

3.2

炮弹 ammunition

人工防雹增雨弹。

3.3

底火瞎火 primer failure

击发后,底火未能发火,造成高炮未能发射的故障。

4 射击使用的高炮、炮弹和场地要求

4.1 高炮的技术状况

应符合 QX/T 18—2003 第 3 章的规定。

4.2 炮弹

质量验收合格并在有效期内。

4.3 场地

应符合 QX/T 17—2003 中 3.2 的规定。

5 射前准备

5.1 高炮准备

5.1.1 高炮的放列及其警示

5.1.1.1 高炮的放列之一

解开炮衣绳和身管衣绳,掀开炮衣和身管衣(见图1)。

图1 解开炮衣绳和身管衣绳

5.1.1.2 高炮的放列之二

扳开手柄,解脱炮身托架驻栓,按射角分划打高炮身约35°(见图2～图4)。

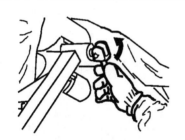 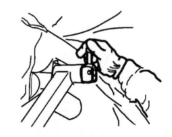 

图2 扳开手柄　　　　图3 解脱炮身托架驻栓　　　　图4 打高炮身约35°

向外放下炮身托架并将其卡环放入后车轴的连接座内,使炮身托架与后车轴连接好(见图5～图7)。

 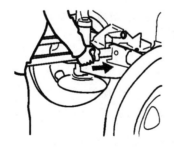 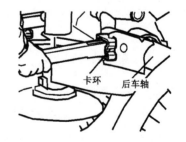

图5 向外放下炮身托架　　　图6 将卡环放入后车轴的连接座　　　图7 炮身托架与后车轴连接好

5.1.1.3 高炮的放列之三

取下炮脚护套,扳开炮脚固定器手柄,打开左、右炮脚直到被卡板固定(见图8～图9)。

图 8　扳开手柄打开右炮脚　　　　　图 9　扳开手柄打开左炮脚

5.1.1.4　高炮的放列之四

逆时针转动四个杠起螺杆,使履板收到最上方(见图10)。

图 10　转动杠起螺杆,使履板收到最上方

5.1.1.5　高炮的放列之五

将行军指标扳到战斗位置,再将牵引杆下面的支杆解脱,转到后面,并与前车轴的连接轴下端连接到位并卡好(见图11～图13)。

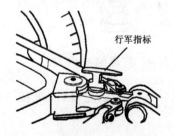

图 11　行军指标在行军位置　　图 12　将行军指标扳到战斗位置　　图 13　将支杆与连接轴连接到位

5.1.1.6　高炮的放列之六

前后各1名炮手用力压住牵引杆和炮身托架,听从统一指挥,上下晃动牵引杆和炮身托架,另2名炮手分别将前后车体制动开关的手柄从"关"转到"开"的位置并卡好到位(见图14～图17)。

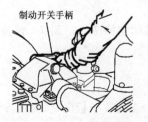

图 14　转前制动开关手柄　　图 15　转到"开"并卡好

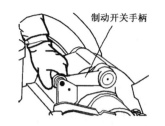
图 16　转后制动开关手柄

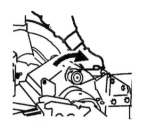
图 17　转到"开"并卡好

5.1.1.7　高炮的放列之七

固定方向机手轮防止高炮转动伤人,在炮长统一指挥下 4 个炮手同时向上、向内扳动牵引杆和炮身托架进行落炮(见图 18～图 20)。

图 18　同时扳动牵引杆和炮身托架

图 19　进行落炮

图 20　直到落到位为止

5.1.1.8　高炮的放列之八

用力压住牵引杆和炮身托架,再将制动开关手柄从"开"转到"关"的位置直到卡榫到位并卡好为止(见图 21～图 24)。一手托住牵引环,另一只手解脱支杆与连接轴的连接及解脱炮身托架与后车轴的连接。

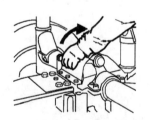
图 21　转动前制动开关

图 22　由"开"转到"关"并卡好

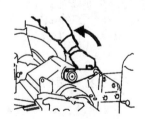
图 23　转动后制动开关

图 24　由"开"转到"关"并卡好

5.1.1.9　高炮的放列之九

将炮衣折叠在瞄具护架上,抬下瞄具护架和炮衣。取下身管衣和各处护套,并将各种护具收好(见

155

图 25)。

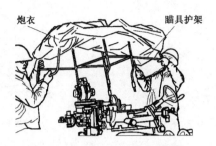

图 25 抬下瞄具护架和炮衣

5.1.1.10 高炮的放列之十

松开锁紧螺钉,转动四个杠起螺杆的手柄,使四个车轮离地,将炮车概略调整水平,然后拧紧锁紧螺钉(见图 26)。

图 26 转动杠起螺杆手柄使四个车轮离地

5.1.1.11 高炮的放列之十一

取下四个驻锄,插入左右炮脚和前后车体的驻锄支座中,并用大锤将其打入土内,硬质炮位可以不打驻锄。

5.1.1.12 高炮的放列之十二

打开托弹盘,拧紧蝶形螺母,将其固定在托弹位置(见图 27～图 28)。

 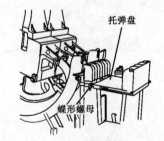

图 27 托弹盘在折叠状态   图 28 托弹盘打开后的状态

5.1.1.13 高炮的放列之十三

从炮床上取下洗把杆。

5.1.1.14 警示

5.1.1.14.1 落炮前应将行军指标转向后。

5.1.1.14.2 落炮前应将牵引杆的支杆与前车轴连接好。

5.1.1.14.3 落炮前应将炮身托架的卡环与后车轴连接好。

5.1.1.14.4 落炮前应用杠起螺杆将履板向上收到位。

5.1.1.14.5 落炮时应将方向机手轮固定。

5.1.1.14.6 落炮时所有操作人员的头、肩不应正对牵引杆和炮身托架,以防意外伤人。

5.1.1.14.7 落炮时防止履板压脚。

5.1.1.14.8 落炮后制动开关手柄应关到位并卡好。

5.1.1.14.9 当炮手缺员时严禁落炮。

5.1.2 擦拭炮膛及警示

5.1.2.1 概述

先从炮上分解下炮闩、压弹机、输弹机,然后再擦拭炮膛。

所需工具及材料:洗把杆、炮刷头、通头、擦拭布(干净白棉布)及煤油。

使用的工具和附件参见附录 A。

5.1.2.2 擦拭炮膛之一

将通头装在洗把杆上,在通头上缠擦拭布,从炮口插入炮膛,反复推拉擦去旧油,直至布上没有油迹、沙粒和尘土为止,如旧油太厚,可先用煤油清洗(见图29~图30)。

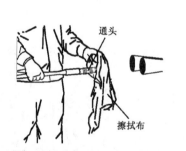 

图 29　在通头上缠擦拭布　　　　图 30　反复推拉擦拭炮膛

5.1.2.3 擦拭炮膛之二

用洗把杆的通头上缠上擦拭布,从后方擦净药室内的旧油(见图31)。

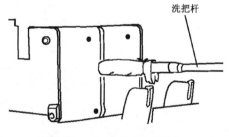

图 31　从后方擦拭药室

5.1.2.4 警示

射击前炮膛内和药室内不应涂任何油。否则可能引起胀膛,损坏身管。

5.1.3 擦拭炮闩及警示

5.1.3.1 所需工具及材料

丁字起子、12 吋大起子、击针样扳、17×19 双头扳手、煤油、棉布、防护油、黑铅油。

所用工具和附件等参见附录 A。

5.1.3.2 分解炮闩

5.1.3.2.1 分解炮闩之一

打高炮身约 60°，取下摇架下盖（见图 32～图 33）。

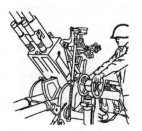

图 32　打高炮身约 60°　　　　　图 33　取下摇架下盖

5.1.3.2.2 分解炮闩之二

将开闩盖上的手柄转 90°，用 12 吋大起子撬开闩盖的后端，取下开闩盖（见图 34～图 36）。

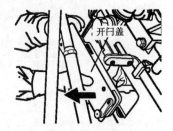

图 34　将开闩盖手柄转 90°　　图 35　用大起子撬开闩盖的后端　　图 36　取下开闩盖

5.1.3.2.3 分解炮闩之三

一手托住左右抽筒子，一手捏住抽筒子夹锁并向外抽出抽筒子轴，同时取下左右抽筒子（见图 37～图 38）。

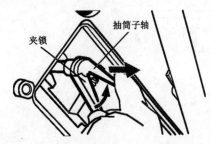
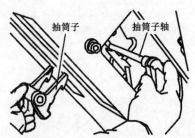

图 37　捏住抽筒子夹锁并向外抽　　图 38　抽出抽筒子轴，同时取下左右抽筒子

5.1.3.2.4 分解炮闩之四

一手用 12 吋大起子压下闭锁器顶帽,一手推闭锁器杠杆的挂耳,使其与拉钩杆脱离,然后放开闭锁器顶帽(见图 39～图 41)。

图 39 一手用大起子压下闭锁器顶帽

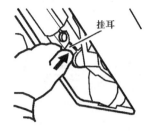

图 40 一手推闭锁器杠杆的挂耳

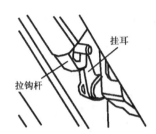

图 41 使挂耳与拉钩杆脱离

5.1.3.2.5 分解炮闩之五

向后拉握把使闩体下落,放回握把并放回输弹器(见图 42～图 43)。

图 42 向后拉握把

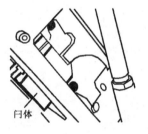

图 43 使闩体下落

5.1.3.2.6 分解炮闩之六

一手托住闩体和开关杠杆并上下活动到适当位置,一手向外抽出开关轴,再取下闩体和开关杠杆。折叠闭锁器杠杆的挂耳转动后取下(见图 44～图 45)。

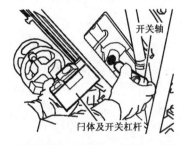

图 44 向外抽出开关轴,再取下闩体和开关杠杆

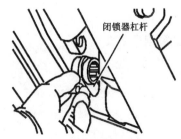

图 45 取下闭锁器杠杆

5.1.3.2.7 分解炮闩之七

放开击针簧,方法有2种:

a) 将闩体侧放在桌上,用12吋大起子压平卡锁,使击针击发,即可放开击针簧(见图46~图47)。

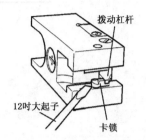 

图 46　将闩体侧放在桌上　　图 47　用 12 吋大起子压平卡锁

b) 将闩体斜放在平板上,再将开关杠杆放在闩体丁字槽内,向下拍打开关杠杆,也可使击针击发,放开击针簧(见图48~图49)。

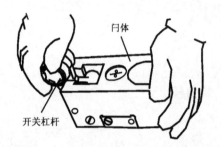 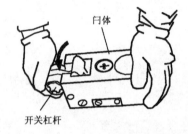

图 48　将开关杠杆放在闩体丁字槽内　　图 49　用力拍打开关杠杆放开击针

5.1.3.2.8 分解炮闩之八

对于有槽底盖,用丁字起子压下击针底盖并转90°再缓慢放开击针底盖,对于有筋底盖,用工具夹住击针底盖的筋,转90°。取出击针底盖、击针簧及击针(见图50~图52)。

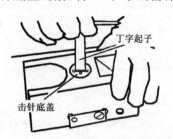 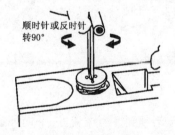 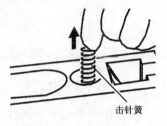

图 50　用丁字起子压下击针底盖　图 51　转90°后再缓慢放开　图 52　取出击针底盖、击针簧及击针

5.1.3.2.9 分解炮闩之九

将闩体侧放,用12吋大起子顺时针旋出拨动杠杆轴(此处是左旋螺纹),取出拨动杠杆轴、拨动杠杆、卡锁和弹簧(见图53~图55)。

  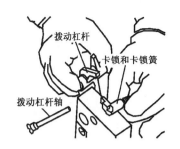

图 53　用大起子旋出拨动杠杆轴　图 54　取出拨动杠杆轴　图 55　取出拨动杠杆、击发卡锁和弹簧

5.1.3.3　擦拭炮闩

用煤油清洗炮闩零件及炮尾闩室并用擦拭布(干净白棉布)擦干。闩体、开关杠杆涂黑铅油,其他零件涂防护油。

5.1.3.4　结合炮闩

5.1.3.4.1　结合炮闩之一

将卡锁和卡锁簧装入闩体的卡锁室内,把拨动杠杆长脚伸入击针室,短脚压平击发卡锁。插入拨动杠杆轴,用12吋大起子反时针方向拧紧(见图56～图58)。

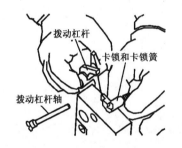  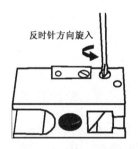

图 56　将卡锁、卡锁簧和拨动杠杆装入闩体　图 57　插入拨动杠杆轴　图 58　用大起子拧紧

5.1.3.4.2　结合炮闩之二

将击针、击针簧、击针底盖装入闩体。对于有槽底盖,用丁字起子将击针底盖压下并转90°后放开,对于有筋底盖,可用工具夹住击针底盖的筋转90°(见图59～图61)。

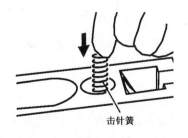 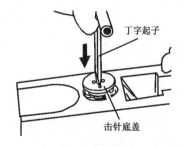

图 59　装入击针、击针簧及击针底盖　图 60　用丁字起子压下击针底盖

图 61　转 90°后再缓慢放开

5.1.3.4.3　结合炮闩之三

用击针样板检查击针突出量,深缺口(通)应可以通过;浅缺口(不通)不能通过,即突出量应为 2.44 mm～2.75 mm(见图 62)。

图 62　用击针样板检查击针突出量应为 2.44 mm～2.75 mm

5.1.3.4.4　结合炮闩之四

将闩体镜面向上放置,用 17×19(或 16×18)双头扳手卡住拨动杠杆长角,用力向上扳动将击针拨回(见图 63～图 64)。

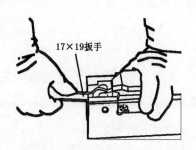

图 63　用 17×19 扳手卡住拨动杠杆长角

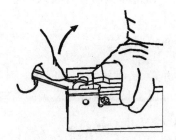

图 64　用力向上扳动将击针拨回

5.1.3.4.5　结合炮闩之五

将挂耳完全折叠后,将闭锁器杠杆放在炮尾的孔内,转动闭锁器杠杆使挂耳在完全折叠时其底面与摇架底面平行(见图 65～图 66)。

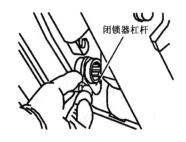

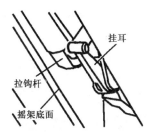

图 65　将闭锁器杠杆放在炮尾的孔内　　　**图 66　使挂耳在完全折叠时其底面与摇架底面平行**

5.1.3.4.6　结合炮闩之六

一手托住闩体和开关杠杆放入炮尾闩室内,保持闩体底面低于摇架底面约 5 mm,开关轴孔与炮尾孔对正,一手将开关轴插入炮尾的孔内(滑轮向炮口方向);一面上下活动闩体及闭锁器杠杆,一面插开关轴,直到开关轴插到位为止(见图 67～图 68)。

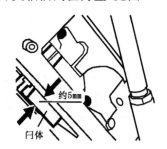

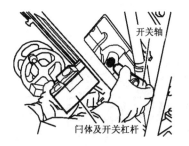

图 67　闩体底面低于摇架底面约 5 mm　　　**图 68　插入开关轴,并上下活动闩体和闭锁器杠杆**

5.1.3.4.7　结合炮闩之七

一手托住挂耳不使其下落,一手用 12 吋大起子顶住闩体,并用力将闩体向上推到位,用木棒轻轻敲击开关杠杆使击针击发。用 12 吋大起子压下闭锁器顶帽,同时拨动挂耳使其与拉钩连接好(见图 69～图 71)。

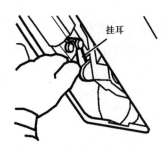

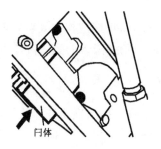

图 69　一手托住挂耳不使其下落　　　**图 70　一手用力将闩体向上推到位**

图 71　用 12 吋起子压下闭锁器顶帽

5.1.3.4.8 结合炮闩之八

将夹锁和弹簧装在抽筒子轴上。一手拿住左右抽筒子放入炮尾内,一手捏紧夹锁将抽筒子轴插入炮尾和左右抽筒子的轴孔内,到位后放开夹锁(见图72～图73)。

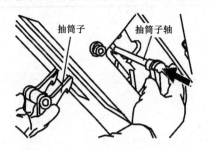 

图 72 一手放入抽筒子一手将抽筒子轴插入轴孔内   图 73 捏紧夹锁,插到位后放开夹锁

5.1.3.4.9 结合炮闩之九

将自动开闩盖先前端再后端装入摇架窗口轻敲到位,将手把转到水平位置(如果压弹机和输弹机尚未装好则自动开闩盖可暂不装)(见图74～图76)。

  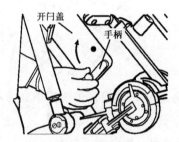

图 74 将开闩盖装入摇架   图 75 轻敲到位   图 76 将开闩盖手柄转 90°

5.1.3.5 检查炮闩

打高炮身到 45°,将握把拉到最后方再放回前握把扣内,此时炮闩应打开,闩体应被抽筒子抓住,击针应被拨回。向上抬开闩盖上的压板,使抽筒子放开闩体,这时闩体应迅速上升到位并击发。

5.1.3.6 警示

5.1.3.6.1 分离和连接闭锁器挂耳及拉钩时谨防夹手。

5.1.3.6.2 压缩击针弹簧时谨防歪斜弹出。

5.1.3.6.3 闩体结合好后,检查击针突出量应为 2.44 mm～2.75 mm;击发动作应猛然有力,以防作业时不发火。

5.1.3.6.4 将闩体推入炮尾时谨防伤手。

5.1.3.6.5 检查击针弹簧是否断损或簧力太小,突出无力,如有这种情况应更换新簧防止由于击针撞击力不足造成底火瞎火。

5.1.4 擦拭压弹机和输弹机及警示

5.1.4.1 所需工具及材料

22×27 双头扳手、通用钢丝钳、煤油、擦拭布(棉布)及防护油。

所用工具、备件等参见附录 A。

5.1.4.2 分解压弹机

5.1.4.2.1 分解压弹机之一

在约 30°射角取下自动开闩盖。打平炮身，为防止输弹机弹簧未放松，应将保险转到"解脱"位置，拉回握把，踩下击发踏板同时拉住握把将输弹器缓慢放回前方，将保险转到"保险"位置。捏住卡簧抽出输弹机插轴（见图 77～图 79）。

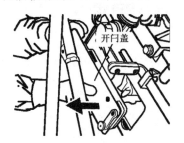 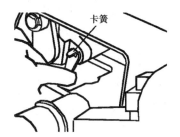 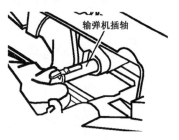

图 77　取下自动开闩盖　　　图 78　打平炮身，捏住卡簧　　　图 79　抽出输弹机插轴

5.1.4.2.2 分解压弹机之二

转动小退壳筒插轴然后将其抽出，取下小退壳筒（见图 80～图 82）。

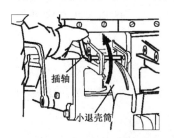 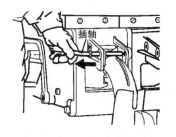 

图 80　转动小退壳筒插轴　　　图 81　抽出小退壳筒插轴　　　图 82　取下小退壳筒

5.1.4.2.3 分解压弹机之三

用 22×27 扳手拧下两个后壁螺栓，取下后壁（见图 83～图 85）。

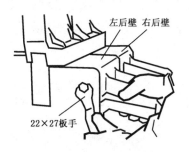  

图 83　拧松两根后壁螺栓　　　图 84　抽出两根螺栓　　　图 85　取下后壁

5.1.4.2.4 分解压弹机之四

拧下固定压弹机的螺栓，抬下压弹机和输弹机（见图 86～图 87）。

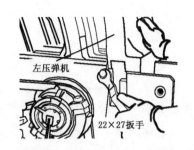

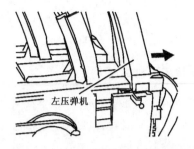

图 86　拧下固定压弹机的螺栓　　　图 87　抬下压弹机和输弹机

5.1.4.2.5　分解压弹机之五

将压弹机前端向上放置,把输弹机向上抽出(见图 88～图 90)。

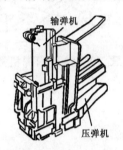

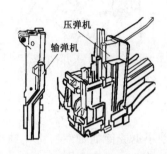

图 88　将压弹机前端向上放置　图 89　把输弹机向上抽出　图 90　抽出的压弹机和输弹机

5.1.4.2.6　分解压弹机之六

从压弹机内取出两块黄铜滑板,如果黄铜滑板与压弹机体卡得较紧也可不取(见图 91～图 92)。

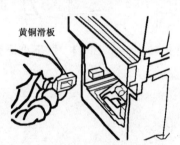

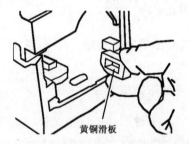

图 91　取出左边的黄铜滑板　　　图 92　取出右边的黄铜滑板

5.1.4.2.7　分解压弹机之七

从压弹机内取出活动梭子。用钢丝钳夹拢活动梭子管制销轴上的开口销,拔出开口销取下管制销轴。向外转动左拨弹器体,同时抽出左活动梭子及其滑轮。再用同样方法抽出右活动梭子及其滑轮(见图 93～图 95)。

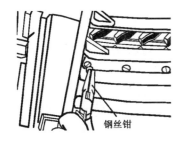

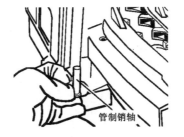

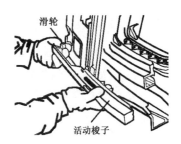

图93 拔出管制销轴上的开口销　　图94 取出管制销轴　　图95 抽出左活动梭子

5.1.4.3 擦拭压弹机

用煤油清洗输弹机体上的输弹槽、左右曲线滑道,用棉布擦干后涂防护油。检查左右输弹钩应有力地向内夹紧,压下左右冲铁后应能有力地弹起。

用煤油清洗左、右活动梭子、滑轮、压弹机的黄铜滑板及装活动梭子的滑槽,用棉布擦干后涂防护油。压下活动梭子的小齿后应能有力地弹起。

5.1.4.4 结合压弹机

5.1.4.4.1 结合压弹机之一

把左右活动梭子装入压弹机体内,插上管制销轴,装上开口销并分开尾端(见图96～图97)。

图96 装入活动梭子　　　　　　图97 插上管制销轴

5.1.4.4.2 结合压弹机之二

将左、右两块黄铜滑板斜面朝前下方装入压弹机体内的滑板座上(见图98～图99)。

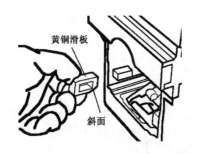

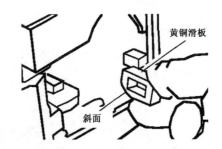

图98 左边的黄铜滑板斜面向前下方　　图99 右边的黄铜滑板斜面向前下方

5.1.4.4.3 结合压弹机之三

将压弹机前端向上放置,并将拨动杠杆向外转到头。再从上方把输弹机放入压弹机,输弹机的曲线滑道要卡住左右活动梭子的滑轮和压弹机体后部的两块黄铜滑板(见图100)。

图 100 把输弹机放入压弹机

5.1.4.4.4 结合压弹机之四

装好后将压弹机放平,并使输弹机后端面与压弹机后端面齐平,如果输弹机滑到了后方,用一个薄铁片(例如腻子刀)插入发射卡锁和自动发射卡锁与输弹器之间,同时向前推输弹机将其推到位(见图101)。

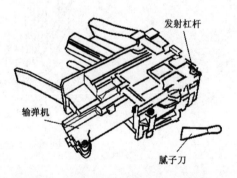

图 101 将压弹机侧放并插入腻子刀

5.1.4.4.5 结合压弹机之五

将压弹机连同输弹机装入摇架,拧上固定压弹机的螺栓(见图102)。

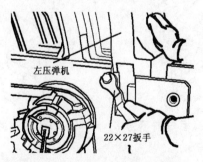

图 102 拧上固定压弹机的螺栓

5.1.4.4.6 结合压弹机之六

从摇架侧面窗口一手托住输弹机使其与炮尾的连接孔对正,一手插入输弹机插轴,插到位并使其转把向下。装上自动开闩盖(见图103～图104)。

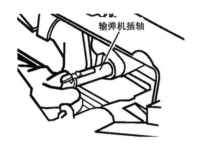
图 103 插入输弹机插轴

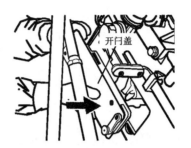
图 104 装上自动开闩盖

5.1.4.4.7 结合压弹机之七

装上后壁,拧上两个后壁螺栓。装上小退壳筒,插入插轴并使其转把向下(见图105～图106)。

图 105 装上后壁

图 106 装上小退壳筒

5.1.4.4.8 结合压弹机之八

检查压弹机和输弹机的动作:拉握把到最后方再放回前握把扣内,此时输弹器应被发射卡锁卡住。打开保险,踩下发射踏板,输弹器应有力地回到前方。向上抬自动开闩盖上的压板将炮闩关闭。

5.1.4.5 警示

5.1.4.5.1 抽出输弹机插轴之前,输弹器应放回前方。

5.1.4.5.2 压弹机体的两块黄铜滑板其斜面应向前下方。

5.1.4.5.3 输弹机的曲线滑道要卡住活动梭子的滑轮和压弹机体的两块黄铜滑板。

5.1.4.5.4 输弹机与炮尾连接的插轴其转把应向下。

5.1.5 射前检查

炮长按 QX/T 18—2003 中 5.3 作业(射击)前的技术检测进行高炮检查。

5.2 炮弹准备

5.2.1 选定采用的炮弹,从包装筒中拆出。应优先使用已开封而未用完的炮弹,炮弹应完好无损,外表面应擦拭干净,但不应去除药筒外面涂覆液体石蜡,否则退壳困难。

5.2.2 将炮弹装在弹夹上(见图107)。

图 107 将炮弹并装在弹夹上

5.2.3 将装好炮弹的弹夹放在托弹盘上(见图 108)。

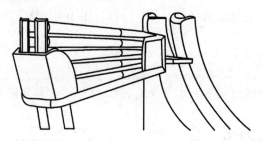

图 108 将炮弹放在托弹盘上

5.2.4 警示:射击前选定采用的炮弹后才切开塑料包装筒,避免切开后未使用造成受潮和脏污。

5.2.5 射击前准备流程参见附录 B。

6 射击

6.1 炮手分工、列队

炮手不应少于四人(包括炮长),按下列顺序在炮后列队(见图 109):

——一炮手(方向瞄准手),负责方向瞄准;

——二炮手(高低瞄准手,兼任炮长),负责高低瞄准和击发;

——三炮手(右装填手),负责右炮装弹压弹;

——四炮手(左装填手),负责左炮装弹压弹。

图 109 炮后集合

6.2 就定位

各炮手按职能坐(站)在自己固定的位置上(见图 110):

图 110　就定位

——一炮手坐在右瞄准手座上,双手握住方向转轮把手,右脚准备踩方向机变速踏板(见图 111);

图 111　一炮手

——二炮手(兼任炮长)坐在左瞄准手座上,双手握住高低转轮把手,左脚准备踩高低机变速踏板,右脚准备踩击发踏板(见图 112);

图 112　二炮手

——三炮手站在摇架右侧一炮手后方的位置上,准备拉右握把和压弹;
——四炮手站在摇架左侧二炮手后方的位置上,准备拉左握把和压弹(见图 113)。

图 113　三、四炮手

6.3 压弹

6.3.1 步骤

炮长按上级指示下达压弹口令,三炮手、四炮手双手用力向后拉握把到最后方,然后将握把放入后握把扣中。三炮手、四炮手从托弹盘上各拿一夹炮弹放入压弹机,一手拿住最上一发炮弹的药筒中部,另一只手托住最下一发炮弹的弹丸与药筒结合处,并使最下一发炮弹与压弹机上沿齐平,弹夹对准退夹槽、弹尖对准定向槽,快速抽出下面的手,同时上面的手用力将炮弹向下压,使最下面一发炮弹落到输弹机上(见图114~图115)。

 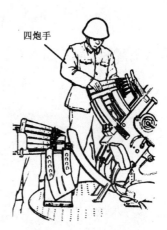

图 114　三炮手压弹　　　　　　图 115　四炮手压弹

弹夹应对正压弹机的弹夹滑槽,炮弹不应前后歪斜。出现骑马弹时可用12吋大起子拨正(见图116)。

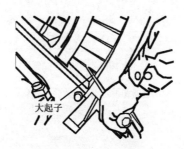

图 116　用大起子拨正骑马弹

如最下面一发炮弹未落到输弹机上,可用力压弹使最下面一发炮弹压到输弹机上,然后将握把放回到前握把扣内。如有后续弹夹,可将其装入压弹机。还可准备一个空药筒,用来在射击的最后将它放在炮弹的最上方,这样就能打完压弹机内的所有炮弹。

6.3.2 警示

6.3.1.1　整夹炮弹都要对正压弹机后面的退夹槽和前面的定向槽,前后拿正,避免骑马弹。

6.3.1.2　防止夹手。

6.4 方向、高低瞄准

炮长按上级指示下达"方向××,射角××,瞄准"口令,一炮手、二炮手转动方向机、高低机使炮身指向目标(见图117~图118)。

图 117　一炮手方向瞄准

图 118　二炮手高低瞄准

6.5　连发或单发射击

炮长按上级指示下达"打开保险"口令,一炮手、二炮手将保险手柄从"保险"位置转到"击发"位置(见图 119)。

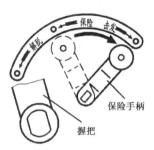

图 119　将保险手柄从"保险"转到"击发"

炮长下达"发射"口令,二炮手踩下发射踏板按口令进行发射。

6.6　停射和退弹

6.6.1　炮长下达"停射"、"退弹"口令。

一炮手将高炮转到安全射向,二炮手将射角打到约 45°以上。三炮手、四炮手将握把拉到最后方,退出输弹机上的炮弹,同时由一炮手、二炮手在摇架后方接住。退出炮弹后将握把放回前方,三炮手、四炮手将压弹机内最上一发炮弹取下放在托弹盘上,再提起退弹板将其定向槽对准压弹机体上的梭子座,两手协助将退弹板插入装填机内(见图 120),然后均匀用力向上取出退弹板。当最下面一发炮弹露出装填机时,另一只手迅速捏住退弹板下沿(见图 121),双手向上均匀用力取出炮弹,手臂迅速抵住弹夹上端,使退出炮弹略成水平,避免退弹板内炮弹散落,然后将炮弹放到适当位置。

图 120　退弹板对准压弹机的梭子座

图 121　用手捏住退弹板下沿

6.6.2 当压弹机内只剩一发炮弹时,也可采用拉握把向后并放在后握把扣内,用一木棍(或榔头把)从上方将炮弹压到输弹机上,再将握把拉到最后同时在摇架后方接住炮弹(见图122)。

图122 接住从输弹机上退出的炮弹

6.6.3 检查炮膛,三炮手、四炮手取下摇架右、左上盖,从上窗口观察,左、右炮闩应呈开闩状态,炮膛内应无炮弹。如发现炮闩呈关闭状态,并且炮管后端可以看到药筒底缘,则可能是膛内留有底火瞎火炮弹,应按8.5进行处理。

6.6.4 将炮弹全部退出后放回握把,关闭炮闩。如不继续操作,一炮手、二炮手将保险器手柄转到"解脱"位置,三炮手、四炮手将握把拉过后握把扣并两手拉住,一炮手、二炮手用手抬起关闩压板,二炮手踩下发射踏板,四名炮手协同缓慢放回输弹器,缓慢关闭炮闩,然后一炮手、二炮手再将保险器手柄扳到"保险"位置。

6.6.5 警示

6.6.5.1 退弹前要将高炮转到安全射向,射角打到约45°。

6.6.5.2 退弹后检查压弹机和输弹机上的炮弹是否确实已全部退出。压弹机和输弹机内不得留有炮弹,以防意外事故。

6.6.5.3 退弹过程中人员不能站在炮口前方。

6.6.5.4 注意防止炮弹从后方跌落。

6.7 更换身管

作业中,在短时间内发射了约100发炮弹的身管,温度会上升到400℃左右,此时为了延长炮管寿命应更换身管,如无更换条件,应加大射击间隔;另外当身管损坏时也应更换身管。

警示:当擦拭或清洗身管内膛后,用目视或窥膛镜检查身管内膛,膛线严重损坏或成块断裂或脱落时应更换新的炮身,防止炸膛或出膛后在炮口早炸。

6.7.1 卸下身管

6.7.1.1 所需工具

木栓、12吋大起子、钩子扳手(64-13/WA702)、或身管扳手(后期出厂的高炮配备)、炮管钩、加力杆(64-18/WA702)、退弹板、石棉手套。

所用工具和附件等参见附录A。

6.7.1.2 卸下身管之一

取下摇架上盖,从上窗口检查炮膛内应确实没有炮弹。

6.7.1.3 卸下身管之二

关闭保险,退出压弹机和输弹机上的炮弹。

6.7.1.4 卸下身管之三

打平炮身,用木栓垫在摇架和炮尾之间,铁板一面顶着摇架上窗口的边缘,木质一面顶着炮尾(见图123~图125)。

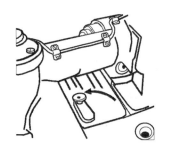

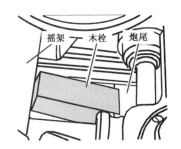

| 图123 打开上盖 | 图124 准备放木栓 | 图125 木栓顶在炮尾和摇架上窗口之间 |

6.7.1.5 卸下身管之四

拉握把开闩使抽筒子抓住闩体(或取下摇架下盖,卸下抽筒子),放回握把,缓慢放回输弹器。

6.7.1.6 卸下身管之五

用大起子压下卡锁,使其脱离身管的卡锁槽。同时用钩子扳手卡住身管前端(或用身管扳手卡住止环前面)转90°(见图126~图128)。

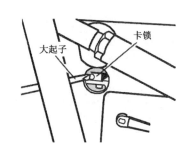
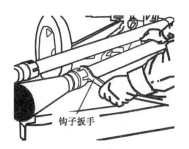

| 图126 用大起子压下卡锁 | 图127 用钩子扳手将身管转90° | 图128 或用身管扳手将身管转90° |

6.7.1.7 卸下身管之六

一人抬在防火帽处(抬射击后热的身管要戴石棉手套),两人用加力杆(64-18/WA702)和炮管钩抬在复进簧止环前端,向前抽出并抬下身管(见图129)。

图129 卸下身管

6.7.2 装上身管

6.7.2.1 装上身管之一

一人抬在防火帽处、两人用加力杆(64-18/WA702)和炮管钩抬在复进簧止环前端,身管中部连接突部上的刻线要对向左侧或右侧,将身管插入摇架颈筒(见图130)。

图 130　装上身管

6.7.2.2 装上身管之二

用钩子扳手卡住身管前端(或用身管扳手卡住止环前面)转90°,使身管连接突部上的刻线向上,直到炮尾卡锁卡住身管的卡锁槽为止(见图131)。

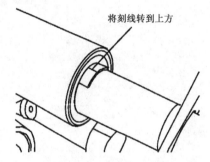

图 131　将身管连接突部上的刻线转到上方

6.7.2.3 装上身管之三

向上抬起开闩盖上的压板使炮闩关闭(或装上抽筒子及抽筒子轴)(见图132)。

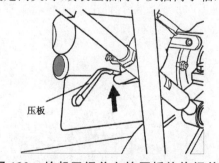

图 132　抬起开闩盖上的压板使炮闩关闭

6.7.2.4 装上身管之四

取出垫在摇架和炮尾之间的木栓,盖上摇架上盖。

6.7.2.5 警示

6.7.2.5.1 垫好木栓,防止炮尾后滑。

6.7.2.5.2 更换发热的身管时要戴石棉手套,以防烫伤。

6.7.2.5.3 检查并确认身管已装好。

6.7.3 射击操作流程

参见附录 B。

7 射后处理

7.1 清理炮弹

7.1.1 退出装填机内炮弹;

7.1.2 检查炮膛内、装填机内、退壳槽内及炮盘下是否存在未发射的炮弹。若炮膛内存在炮弹,应严格按照安全规则退出(见6.6)。

7.1.3 清点炮弹数量

7.2 清理发射后的炮弹药筒

7.2.1 在退壳槽内、炮盘下及炮盘周边查找炮弹药筒。

7.2.2 清点炮弹药筒数量

7.2.3 每次发射炮弹数量与炮弹药筒数量之和应等于出库数量。否则停止一切工作继续查找,直至找到为止。

7.2.4 入库剩余炮弹和炮弹药筒,认真填写用弹记录。

7.3 清洗炮膛

7.3.1 概述

应在身管尚未完全冷却之前,趁热清洗、擦拭身管。如不能及时擦洗则应趁热在炮膛内涂一层较厚的炮油。并在 24 小时内及时擦洗,以防火药残渣牢固地附着在炮膛内表面。

所需工具:擦拭布(棉布)、洗把杆、洗把刷两个、通头、锥形木塞。

所需材料:煤油、肥皂水(按 5 kg 水加 200 g 肥皂的比例配制而成)、炮油、防护油。

所用工具和附件等参见附录 A。

7.3.2 清洗步骤(见图133～图134)

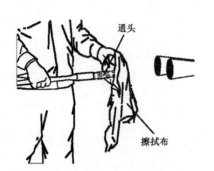

图133 在通头上缠擦拭布

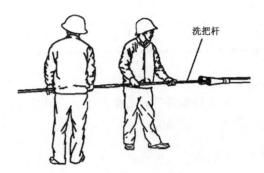

图134 反复推拉擦拭炮膛

7.3.2.1 用煤油清洗炮膛之一

用洗把刷沾上煤油从炮口插入炮膛,来回推拉擦拭,直至擦净火药气体残渣。

7.3.2.2 用煤油清洗炮膛之二

用通头缠上干布反复擦拭,直至布上没有油迹为止。

7.3.2.3 用煤油清洗炮膛之三

用洗把刷沾上炮油或防护油,来回涂抹炮膛,直至涂满阴线的各个角落为止。

7.4 分解并擦拭炮闩

按5.1.3操作,闩体、击针等零件上的火药气体残渣要用煤油或肥皂水清洗干净。零件洗净并干燥后涂防护油或炮油。

7.5 分解并擦拭压弹机和输弹机

按5.1.4操作,零件洗净并干燥后涂炮油或防护油。

7.6 撤去高炮

7.6.1 高炮撤去之一

收起托弹盘,将洗把杆放在炮床上固定好(见图135～图136)。

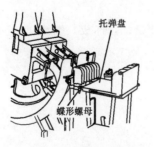

图135 打开的托弹盘

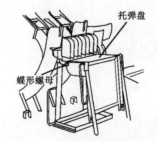

图136 折叠后的托弹盘

7.6.2 高炮撤去之二

用撬杠撬起四个驻锄,并将驻锄固定在驻锄支杆上。

7.6.3 高炮撤去之三

松开锁紧螺钉,转动杠起螺杆的手柄将四个履板收到最上方,使四个车轮着地,再将锁紧螺钉拧紧(见图137)。

图 137 转杠起螺杆使四个车轮着地

7.6.4 高炮撤去之四

套好装填机护套、瞄准具衣和穿好身管衣。将瞄具护架和大炮衣抬到摇架上(见图138)。将炮身打到 35°左右,固定好方向转轮不能转动。

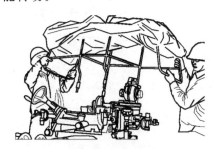

图 138 将瞄具护架和炮衣抬上摇架

7.6.5 高炮撤去之五

将牵引杆的支杆与连接轴下端连接好。抬起炮身托架并将其卡环卡在后车轴的连接座内(见图 139~图 140)。

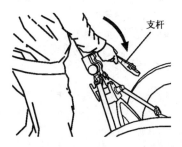 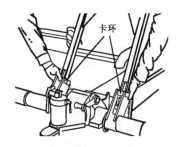

图 139 将牵引杆的支杆与连接轴下端连接　　　**图 140 将炮身托架的卡环卡住连接座**

7.6.6 高炮撤去之六

前后各一名炮手用力压住牵引杆和炮身托架,听从统一指挥下,另两名炮手将前后车体制动开关的手柄从"关"转到"开"的位置并卡好(见图141～图142)

图141 打开前制动开关　　　　图142 打开后制动开关

7.6.7 高炮撤去之七

在炮长的统一指挥下,同时向上、向外扳动牵引杆和炮身托架进行起炮,使炮车车轮着地,全体操作人员不应正对牵引杆和炮身托架。再将制动开关手柄从"开"转到"关"的位置直到卡榫卡好。解脱牵引杆及炮身托架的连接状态(见图143～图145)。

警告:当炮手缺员时严禁起、落炮。

图143 同时扳动牵引杆和炮身托架进行起炮　图144 关上前制动开关　　图145 关上后制动开关

7.6.8 高炮撤去之八

将行军指标扳到行军位置(见图146～图147)。

图146 行军指标战斗位置　　　　图147 将其扳到行军位置

7.6.9 高炮撤去之九

扳动炮脚固定器手柄,解脱卡板,收回左、右炮脚直到被固定(见图148～图149)。

图 148　折叠右炮脚　　　　　　图 149　折叠左炮脚

7.6.10　高炮撤去之十

打高低机、方向机将摇架转到炮身托架内,扳动手柄使驻栓将摇架卡好(见图 150~图 152)。

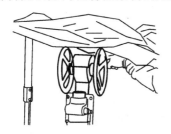  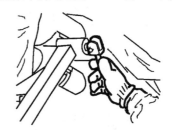

图 150　打高低机　　　图 151　扳动手柄　　　图 152　使驻栓将摇架卡好

7.6.11　高炮撤去之十一

穿好身管衣和大炮衣,拴好绳子(见图 153~图 154)。

图 153　穿好身管衣　　　　　图 154　穿好大炮衣,拴好绳子

7.6.12　警示

7.6.12.1　开制动开关之前,一定要将履板收到最上方使车轮着地,以免发生危险。

7.6.12.2　起炮前要将牵引杆的支杆与前车轴连接好。

7.6.12.3　起炮前要将炮身托架的卡环与后车轴连接好。

7.6.12.4　起炮时要固定住方向机手轮,以防高炮转动伤人。

7.6.12.5　起炮时所有操作人员的头、肩不要正对牵引杆和炮身支架,以防意外伤人。

7.6.12.6　起炮后制动开关手柄要转到位并卡好。

7.6.13 射击后处理流程

参见附录 B。

8 射击中出现故障时的判断和处理

8.1 概述

处理故障时应以人员安全为第一位,以查找未能发射的那一发炮弹的位置为线索,去分析产生故障的原因。

8.2 第一次发射时未发射成功

8.2.1 查看退壳槽内是否有完整的炮弹,如果有则是第一发掉弹,可取出掉下的炮弹放入压弹机,重新压弹射击。

8.2.2 取下摇架上盖查看炮闩是否关闭。如果炮闩已关闭,则应查看闩体前面是否有药筒。如果能看到药筒底缘,则可能是底火瞎火,应按 8.5 进行处理;如果闩体前面看不到药筒底缘,则可能是炮闩过早关闭,这种情况会造成掉弹的故障。

8.2.3 如果炮闩未关闭,则应查看压弹机内是否有骑马弹。若有,可用大起子拨正后重新压弹、发射。

8.3 连续射击时产生停射

8.3.1 若活动梭子起了保险作用,则是炮弹压不到输弹线上的故障。

8.3.2 查看退壳槽内是否有完整的炮弹,如果有则是射击中掉弹,可取出掉下的炮弹放入压弹机,重新压弹、发射。

8.3.3 按 8.2.2 操作。

8.3.4 查看复进簧止环是否与摇架颈筒齐平,如果止环缩在颈筒内则可能是复进不到位的故障。

8.4 射击中后座标尺处理方法

后座长度不到 150 mm 时,只要不影响连发射击,可以不作处理;但如果后座长度超过 179 mm,则应停止射击,否则会损坏炮闩和压弹机的零件。

8.5 射击中对底火瞎火弹的处理方法

8.5.1 发生故障时应急措施

8.5.1.1 当在射击过程中出现底火瞎火的故障时,应停止作业,关闭保险,将射角打高到约 45°。并转到安全射向,人员撤离作业现场,等待身管完全冷却后再进行处理,以确保人员安全。

8.5.1.2 当判断高炮确实不会再自行发射时,立即组织有关人员到炮位进行检查、分析故障原因。在原因没有判明之前不可盲目行动排除故障。

8.5.2 故障排除方法

8.5.2.1 常用退弹方法有两种:

a) 关闭保险,将射角打到约 45°,用退弹板退出压弹机内的全部炮弹。

b) 拉握把进行退弹,将握把拉到最后方,再放在后握把扣内,打开炮闩。在此过程中,药室内瞎火的炮弹一般会向后滑出,应在摇架后壁窗口处用手接住炮弹。如果炮弹卡在药室中退不出来,可从摇架上窗口用 12 吋起子撬抽筒子上端,尽力把炮弹退出来。

如果上述两种方法仍退不出瞎火弹,则应停止作业,报告上级,由专业人员进行处理。

8.5.2.2 注意事项如下:

a) 在整个退弹过程中握把都应放在后握把扣中,当退弹完成并检查炮膛内及输弹线上确实没有炮弹,才能将握把放回前方。

b) 在炮弹尚未退出之前,炮口前方为危险区,为防止意外走火伤人,任何人不得到炮口前方去。

c) 退出的不发火炮弹,要与合格弹分开存放,并及时上交销毁。

d) 拉握把时如闩体被卡住不能开闩,应拉握把使开关轴转动一个角度,直到开关杠杆的半圆突出柄进入闩体的丁字槽内,然后一面拉住握把一面用大锤通过木棍向下打闩体,就可以将炮闩打开。

8.6 射击时的常见故障及处理

射击时的常见故障及处理见表 C.1。

8.7 其他机构的常见故障

其他机构的常见故障见表 D.1。

9 维护保养

9.1 作业季节

9.1.1 日常维护

日常维护包括下列内容:

擦拭干净高炮外表面的灰尘。生锈部位要除去锈迹后涂油。

各机构运动部位要经常保持有油。

炮闩关闭;输弹器放回前方;射角打高约 45°放松平衡机弹簧。

穿好炮身衣、压弹机衣和炮衣,避免日晒雨淋。

9.1.2 射击前

擦拭干净炮膛,不涂油。炮闩分解后擦拭干净涂防护油,压弹机和输弹机根据其清洁情况分解(或不分解)擦拭干净后涂防护油。

9.1.3 射击后

彻底清洗炮膛,擦拭干净后涂防护油(如多日不再射击则涂炮油,下同)。炮闩分解后清洗擦拭干净并涂防护油,压弹机和输弹机根据其清洁情况分解(或不分解)擦拭干净涂防护油。

9.2 作业季节后

应完成下列步骤后对高炮进行封存:

——清洗擦拭炮管并涂炮油。分解擦拭炮闩、压弹机和输弹机并涂炮油。

——炮闩关闭;输弹器放回前方;射角打高约 45°放松平衡机弹簧。

——将高炮变成行军状态以放松炮车平衡缓冲簧,打开左右炮脚,在四个杠起螺杆下垫厚木墩,再打高杠起螺杆使车轮离地 50 mm~100 mm。

——穿好炮身衣、压弹机衣和炮衣。避免日晒雨淋。梅雨天及时通风透气,防止霉变锈蚀。

9.3 开启封存

作业季节开始后,应完成下列步骤开启高炮封存:

——将高炮变成战斗状态。

——擦拭炮管,涂防护油。分解擦拭炮闩、压弹机和输弹机,涂防护油。

——对高炮进行年度技术检查。

9.4 炮弹的封存

弹药的封存包括:

——应在专用的库房中存放,应注意防潮、防高温、防火、防碰撞。

——已割开塑料包装筒而又未射击的炮弹,应与未开封的炮弹分开存放,并在下次作业时先行使用。

——短时间不使用已开封的炮弹,应装进原包装塑料筒内并用塑料胶带缠绕密封储存。

——搬运时轻拿轻放。

10 高炮牵引、运输操作

高炮在运输过程中应被固定牢靠。

11 炮班排除故障中换件维修

通过查看检查或检测分析原因;拆下损坏的零、部件,修理或更换合格的新零、部件。炮班可更换的零、部件参见附录 A。

附　录　A

（资料性附录）

人工影响天气用 37 mm 高炮的炮用备件、工具、附件及装具表

人工影响天气用 37 mm 高炮的炮用备件、工具、附件及装具表分别见表 A.1、表 A.2、表 A.3、表 A.4。

表 A.1　炮用备件表

序号	件 号	名 称	数 量	简 图
1	01-100/WA704	右抽筒子	2	
2	01-101/WA702	左抽筒子	2	
3	01-128/WA702	夹锁簧	4	
4	01-06/WA702	击针	2	
5	02-108/WA702	垫片 （驻退机活塞杆螺母用）	2	
6	03-17/WA702	输弹钩弹簧	2	

表 A.2　炮用专用工具表

序号	件 号	名 称	数 量	简 图
1	64-1/WA702	双头扳手(7310)	4	
2	64-3/WA702	双头扳手(22×27)	1	
3	64-13/WA702	钩子扳手 (54—62、64—72)	1	
4	64-17/WA702	套筒扳手	1	
5	64-18/WA702	加力杆	1	
6	64-21/WA702	击针样板	1	
7	64-31/WA702	驻退机样板	1	
8	6407/WA702	丁字起子	1	
9	T418	检验水准器	1	
10	T419	水准器盒	1	

表 A.3　炮用附件表

序号	件　号	名　称	数　量	简　图
1	67-1/WA704	撬杆	2	
2	67-1/WA702	炮管钩	1	
3	6703/WA702	支撑块	2	
4	6704/WA702	炮刷 （洗把杆）	1	
5	6709/WA702	退弹板	2	
6	6710/WA704	瞄具护架	1	
7	6711/WA702	高低射角限制器	1	

表 A.3 炮用附件表(续)

序号	件号	名 称	数 量	简 图
8	6712/WA704	大锤	2	
9	T49	炮刷头	1	
10	T411	油盒 (防护油)	2	
11	T412	油盒 (炮油、黑铅油各一个)	2	
12	T416	通头	1	
13	T410	两用油枪	1	

表 A.4　炮用装具表

序号	件 号	名 称	数 量	简 图
1	6901/WA704	炮衣	1	
2	6902/WA704	炮身衣	1	
3	6903/WA704	弹仓套	1	
4	6904/WA704	瞄具套	1	
5	6905/WA704	袋子	2	
6	6906/WA704	坐垫	2	
7	6907/WA704	坐垫靠背	2	
8	6908/WA704	履历书袋	1	
9	6909/WA704	防火帽罩	2	

表 A.4 炮用装具表(续)

序号	件号	名称	数量	简图
10	6910/WA704	洗把杆刷套	1	
11		距离装定器套	1	
12	20316—11	石棉手套	2双	
13		帆布水桶	1	
14		航向头套	1	
15		石棉布	1	
16		左炮脚护套	1	
17		右炮脚护套	1	
18		炮车起重机护套 (杠起螺杆护套)	4	

附　录　B

（资料性附录）

射击前后操作流程图

人工影响天气作业参见图B.1流程进行。

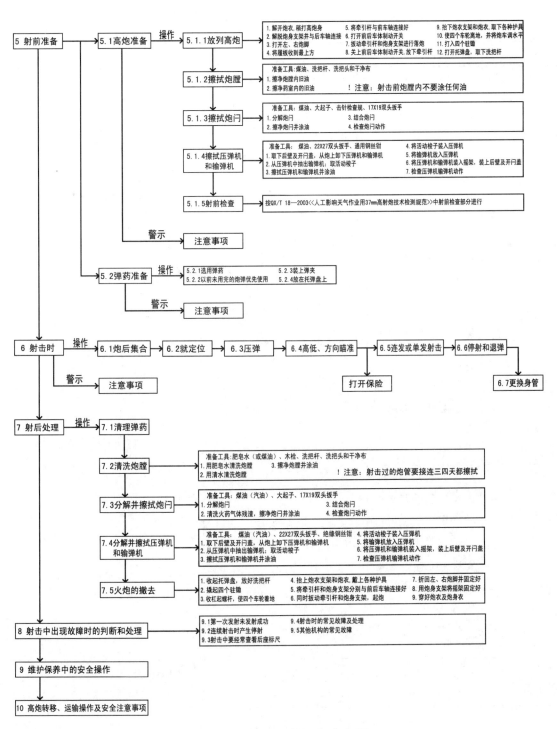

图 B.1　射击前后操作流程图

附　录　C
（规范性附录）
射击时的常见故障及处理

射击时的常见故障及处理见表 C.1。

表 C.1　射击时的常见故障及处理

故障名称	故障现象	可能的原因	处理方法
第一次装填时，炮弹压不到输弹线上	握把已拉到最后方并放在后握把扣内，炮弹仍压不下去	1.炮弹歪斜卡在压弹机内（骑马弹）。 2.压弹机制动器未打开。	1.用螺丝刀将炮弹拨正后重新压弹。 2.修理制动器损坏的零件。
连续射击时，炮弹压不到输弹线上	活动梭子呈保险状态	1.炮弹歪斜卡在压弹机内。 2.制动器未打开使拨弹器体转不动。 3.抽筒慢，药筒顶住了拨弹器体。 4.活动梭子的保险簧失效。	1.用螺丝刀将炮弹拨正后重新压弹。 2.修理制动器损坏的零件。 3.拉握把开门，用洗把杆将药筒推出。 4.更换损坏的保险簧。
掉弹	第一发压弹后从输弹机后方掉下一发完整的炮弹	输弹钩没有抓住炮弹底缘。	更换损坏或失效的零件。
	射击过程中从输弹机后方掉下一发完整的炮弹	1.输弹钩没有抓住炮弹底缘。 2.输弹力量不足或输弹阻力增大。 3.炮闩不能关闭。	更换损坏或失效的零件。
炮闩关不到位	闩体未碰到炮尾上的挡板，闭锁器顶帽未完全露出	1.关闩力量不足如闭锁簧失效。 2.关闩阻力增大。	1.更换失效的闭锁簧。 2.查找阻力增大的原因，加以排除。
关闩后不发火（底火瞎火）	炮弹已进膛，炮闩完全关闭，闭锁器顶帽已完全露出，但不发火（底火瞎火）	1.炮弹底火失效或发射药受潮。 2.击发底火力量不足。	1.处理方法见正文 8.5 对底火瞎火弹的处理。 2.更换损坏或失效的零件。 （详见该型号人工增雨弹说明书）
后座过长超过179 mm	在后座游标不松动的情况下后座长度超过179 mm 注意：超过179 mm要停射	1.驻退机液量不足。 2.驻退机活塞套磨损。 3.复进簧弹力减弱。 4.驻退液变质。	1.添加或更换驻退机液体。 2.修理或更换失效零件。 3.更换复进簧。 4.更换驻退液。
复进不到位	复进簧止环缩在摇架颈筒内	1.复进簧弹力减弱。 2.复进阻力增大。	1.更换复进簧。 2.找出阻力增大原因并排除。

附　录　D

（规范性附录）

其他机构的常见故障

其他机构的常见故障见表D.1。

表D.1　其他机构的常见故障

故障名称	故障现象	可能的原因	处理方法
方向机手轮过重	手轮转动困难	方向机内缺油或未调整好。	拆卸、清洗，再涂润滑脂重装。
高低机手轮过重	1.手轮向上向下转动都困难 2.向上或向下单方向转动困难	1.高低机内缺油或未调整好。 2.平衡机未调整好或弹簧失效。	1.拆卸、清洗，再涂润滑脂重装。 2.调整平衡机或更换弹簧。
起炮困难	起炮时两个人转动牵引杆或炮身支架困难	前、后车体内的平衡缓冲簧未调整好或失效。	调整或更换平衡缓冲簧。

ICS 07. 060

A 47

备案号：39810—2013

中华人民共和国气象行业标准

QX/T 166—2012

防雷工程专业设计常用图形符号

Graphic symbols used for lightning protection engineering professional design

2012-11-29 发布

2013-03-01 实施

中 国 气 象 局 发布

194

前　言

本标准按照 GB/T 1.1—2009 给出的规则起草。

本标准由全国雷电灾害防御行业标准化技术委员会提出并归口。

本标准起草单位：四川兰电防雷有限公司。

本标准主要起草人：谭玉龙、余宏鹰、马守山、徐志敏、闫红、游建国、罗文兵。

防雷工程专业设计常用图形符号

1 范围

本标准规定了防雷工程专业设计常用图形符号及功能类别、应用类别。

本标准适用于防雷工程专业设计的设计图、施工图、竣工图、示意图以及技术文件的设计。

2 术语和定义

下列术语和定义适用于本文件。

2.1

引下线 down-conductor system

用于将雷电流从接闪器传导至接地装置的导体。

[GB 50057—2010,定义 2.0.9]

2.2

电涌保护器 surge protective device;SPD

用于限制瞬态过电压和分泄电涌电流的器件,它至少含有一个非线性元件。

[GB 50057—2010,定义 2.0.29]

2.3

火泥焊接 exothermic connection

利用化学反应(燃烧)产生的高温来完成金属熔接的一种方法。

3 图形符号

3.1 接闪器、引下线

编号	符号	名称	关键词	形状类别	功能类别	应用类别
1—01	↑	接闪杆	防雷、接闪	直线,箭头	防护	设计图,示意图
1—02	LP	避雷带	防雷、接闪	直线	防护	设计图,施工图,竣工图
1—03		避雷网	防雷、接闪	直线,矩形框	防护	设计图,施工图,竣工图,示意图
1—04	↓	引下线	防雷、泄流	直线,箭头	导引	设计图,施工图,竣工图,示意图

3.2 低压配电系统

编号	符号	名称	关键词	形状类别	功能类别	应用类别
2—01		电涌保护器（SPD）	电涌、保护	矩形框,文字	保护	设计图,施工图,竣工图,示意图
2—02		开关型SPD	开关、电涌、保护	矩形框,箭头	保护	设计图,施工图,竣工图,示意图
2—03		限压型SPD	限压、电涌、保护	矩形框,直线	保护	设计图,施工图,竣工图,示意图
2—04		插座型SPD	插座、电涌、保护	矩形框,直线弧	保护	设计图,施工图,竣工图,示意图
2—05		防雨型SPD	防雨、电涌、保护	矩形框,直线,文字	保护	设计图,施工图,竣工图,示意图
2—06		防爆型SPD	防爆、电涌、保护	矩形框,直线,文字	保护	设计图,施工图,竣工图,示意图
2—07		二端口SPD	二端口、电涌、保护	矩形框,直线,文字	保护	设计图,施工图,竣工图,示意图
2—08		退耦器	退耦、电涌、保护	矩形框,直线,弧	阻尼	设计图,施工图,竣工图,示意图
2—09		稳压器	稳压	矩形框,直线,文字	稳定	设计图,施工图,竣工图,示意图
2—10		变压器	配电	圆,直线	承载	设计图,施工图,竣工图,示意图

197

编号	符号	名称	关键词	形状类别	功能类别	应用类别
2—11		配电箱	配电	矩形框	承载	设计图,施工图,竣工图,示意图
2—12	UPS	不间断电源（UPS）	间断、电源	矩形框,文字	变换	设计图,施工图,竣工图,示意图
2—13		隔离变压器	隔离、变压器	矩形框,直线,弧线	变换	设计图,施工图,竣工图,示意图
2—14	RCD	剩余电流保护器	漏电、保护	矩形框,直线,文字	保护	设计图,施工图,竣工图,示意图
2—15		空气断路器	设备	直线	断开	设计图,施工图,竣工图,示意图
2—16		具有 PE、N 相配线	保护、配线	直线	配电	设计图,施工图,竣工图,示意图
2—17		中性线 N	中性、零线	直线	配电	设计图,施工图,竣工图,示意图
2—18		保护地线 PE	保护、地线	直线	配电	设计图,施工图,竣工图,示意图
2—19		PE、N 共用	共用	直线	配电	设计图,施工图,竣工图,示意图
2—20		埋地线路	埋地、线路	直线	传导	设计图,施工图,竣工图,示意图
2—21		水下线路	水下、线路	直线,弧	传导	设计图,施工图,竣工图,示意图

3.3 电子系统

编号	符号	名称	关键词	形状类别	功能类别	应用类别
3—01		感烟火灾探测器	感烟、火灾、探测	矩形框,曲线	探测	设计图,施工图,竣工图,示意图
3—02	N	感温火灾探测器	感温、探测	矩形框,直线、文字	探测	设计图,施工图,竣工图,示意图

编号	符号	名称	关键词	形状类别	功能类别	应用类别
3—03		感光火灾探测器	感光、探测	矩形框，折线	探测	设计图，施工图，竣工图，示意图
3—04		气体火灾探测器	气体、探测	矩形框，直线、圆	探测	设计图，施工图，竣工图，示意图
3—05		手动火灾报警器	手动、报警	矩形框，直线，半圆	报警	设计图，施工图，竣工图，示意图
3—06		火灾报警控制器	火灾、报警、控制	矩形框	切换	设计图，施工图，竣工图，示意图
3—07		光接收机	光、接收	矩形框，直线，箭头	变换	设计图，施工图，竣工图，示意图
3—08	X/Y	编码器	编码	矩形框，直线，文字	连续控制	设计图，施工图，竣工图，示意图
3—09		分线箱	分线	矩形框，直线	承载	设计图，施工图，竣工图，示意图
3—10	SW	程控交换机	程控、交换	矩形框，文字	连续控制	设计图，施工图，竣工图，示意图
3—11		火灾报警装置	火灾、报警	梯形	报警	设计图，施工图，竣工图，示意图
3—12	C	云台摄像机	云台、摄像	矩形，弧线，箭头，文字	监控	设计图，施工图，竣工图，示意图
3—13	C	固定摄像机	固定、摄像	矩形，直线，文字	监控	设计图，施工图，竣工图，示意图
3—14		明敷线路	明敷、线路	直线	传导	设计图，施工图，竣工图，示意图

编号	符号	名称	关键词	形状类别	功能类别	应用类别
3—15		暗敷线路	暗敷、线路	直线	传导	设计图,施工图,竣工图,示意图
3—16		双绞线	双绞	直线,曲线	传导	设计图,施工图,竣工图,示意图
3—17	MDF	配线架	配线	矩形框,文字	支撑	设计图,施工图,竣工图,示意图
3—18		电信插座	插座	直线	连接	设计图,施工图,竣工图,示意图
3—19	TV	电视接口插座	电视、插座	直线,文字	连接	设计图,施工图,竣工图,示意图
3—20	TP	电话接口插座	电话、插座	直线,文字	连接	设计图,施工图,竣工图,示意图
3—21	TD	数据接口插座	数据、插座	直线,文字	连接	设计图,施工图,竣工图,示意图
3—22		同轴电缆	同轴、电缆	直线、圆	传导	设计图,施工图,竣工图,示意图
3—23		一般天线	天线	直线	变换	设计图,施工图,竣工图,示意图
3—24		卫星通信天线	卫星、天线	直线、弧	变换	设计图,施工图,竣工图,示意图
3—25		八木天线	八木、天线	直线	变换	设计图,施工图,竣工图,示意图
3—26		接收机	接收	矩形、圆	接收	设计图,施工图,竣工图,示意图

3.4　接地装置

编号	符号	名称	关键词	形状类别	功能类别	应用类别
4—01		接地模块	接地、模块	矩形、直线	输送	设计图,施工图,竣工图,示意图
4—02		角钢垂直接地体	角钢、垂直、接地	直角	输送	设计图,施工图,竣工图,示意图
4—03		圆钢垂直接地体	圆钢、垂直、接地	直线、圆	输送	设计图,施工图,竣工图,示意图
4—04		圆钢水平接地体	圆钢、水平、接地	圆、直线	输送	示意图
4—05		扁钢水平接地体	扁钢、水平、接地	菱形	输送	竣工图,示意图
4—06		钢管垂直接地体	钢管、垂直、接地	圆	输送	设计图,施工图,竣工图,示意图
4—07		板材接地体	钢板、接地	菱形	输送	设计图,施工图,竣工图,示意图
4—08		土层	土层	直线	放置	设计图,施工图,竣工图,示意图
4—09		地石沙石土层	沙、石	直线、圆	放置	设计图,施工图,竣工图,示意图
4—10		回填土	回填	直线、三角	放置	设计图,施工图,竣工图,示意图
4—11		坚硬岩石	坚硬、岩石	矩形、直线	放置	设计图,施工图,竣工图,示意图
4—12		钢筋混凝土	钢筋、混凝土	矩形	放置	设计图,施工图,竣工图,示意图
4—13		接地装置横断面	接地、横断面	梯形	放置	设计图,施工图,竣工图,示意图

编号	符号	名称	关键词	形状类别	功能类别	应用类别
4—14		等电位连接端子	等电位、端子	矩形、圆形	连接	设计图,施工图,竣工图,示意图
4—15		等电位连接器	接地、隔离	矩形、直线、箭头	隔离	设计图,施工图,竣工图,示意图
4—16		接地	地	直线		设计图,施工图,竣工图,示意图
4—17		保护地	保护	圆形、直线		设计图,施工图,竣工图,示意图
4—18		接地基准点 ERP	接地、基准	直线		设计图,施工图,竣工图,示意图
4—19		电焊接	焊接	直线、箭头		设计图,施工图,竣工图,示意图
4—20		火泥焊接	火泥、焊接	矩形、直线、箭头		设计图,施工图,竣工图,示意图
4—21		螺栓连接	螺栓、连接	直线、多边形		设计图,施工图,竣工图,示意图

3.5 网络设备

编号	符号	名称	关键词	形状类别	功能类别	应用类别
5—01		路由器	路由	矩形	切换	设计图,施工图,竣工图,示意图
5—02		服务器	服务	矩形、文字	连续控制	设计图,施工图,竣工图,示意图
5—03		集线器(HUB)	集线	矩形、文字	连续控制	设计图,施工图,竣工图,示意图

3.6 线缆连接

编号	符号	名称	关键词	形状类别	功能类别	应用类别
6—01	L16	L16-50J	电缆、连接	圆	连接	示意图
6—02	L16	L16-50K	电缆、连接	圆	连接	示意图
6—03	N	N-50J	电缆、连接	圆	连接	示意图
6—04	N	N-50K	电缆、连接	圆	连接	示意图
6—05		Q9-50J	电缆、连接	圆、半圆	X 连接	示意图
6—06		Q9-50K	电缆、连接	圆、半圆	连接	示意图
6—07		SL16-50J	电缆、连接	圆、多边形	连接	示意图
6—08	SL16-50K	SL16-50K	电缆、连接	圆、多边形	连接	示意图
6—09	BNC	BNC-50J	电缆、连接	圆、半圆、文字	连接	示意图
6—10	BNC	BNC-50K	电缆、连接	圆、半圆、文字	连接	示意图

编号	符号	名称	关键词	形状类别	功能类别	应用类别
6—11		FL10-75J	电缆、连接	圆、多边形	连接	示意图
6—12	FL10-75K	FL10-75K	电缆、连接	圆、多边形	连接	示意图
6—13		TNC-50J	电缆、连接	圆	连接	示意图
6—14		TNC-50K	电缆、连接	圆	连接	示意图
6—15	DIN	DIN-50J	电缆、连接	圆	连接	示意图
6—16	DIN	DIN-50K	电缆、连接	圆	连接	示意图
6—17		SMC-75J 接口	电缆、连接	圆、弧线	连接	示意图
6—18		SMC-75K 接口	电缆、连接	圆、弧线	连接	示意图

参 考 文 献

[1] GB/T 4327—1993 消防技术文件用消防设备图形符号

[2] GB/T 4728 电气简图用图形符号

[3] GB/T 5094.2—2003 工业系统、装置与设备以及工业产品结构原则与参照代号(idt IEC 61346—2:2000)

[4] GB 50057—2010 建筑物防雷设计规范

索　引

ICS 07. 060

A 47

备案号：39811—2013

中华人民共和国气象行业标准

QX/T 167—2012

北方春玉米冷害评估技术规范

Technical specification for assessment of cold damage to spring maize in
Northern China

2012-11-29 发布

2013-03-01 实施

中 国 气 象 局 发布

前　言

本标准按照 GB/T 1.1—2009 给出的规则起草。

本标准由全国气象防灾减灾标准化技术委员会(SAC/TC 345)提出并归口。

本标准起草单位:中国气象局气象干部培训学院、中国气象科学研究院、吉林省气象台、湖南省气象培训中心。

本标准主要起草人:杨霏云、郭建平、马树庆、龙志长、朱玉洁、赵俊芳。

引　言

春玉米冷害是中国北方的主要农业气象灾害之一,通常可造成玉米减产、品质下降,严重冷害年可导致玉米减产20%以上。目前北方各地在进行春玉米冷害评估时,选择的评估内容、采用的评估方法和指标差异较大,难以进行时空比较。为规范北方春玉米冷害的评估内容和指标,客观、定量地评估春玉米冷害的影响,特编制本标准。

北方春玉米冷害评估技术规范

1 范围

本标准规定了北方春玉米冷害评估的内容、指标等。
本标准适用于东北、华北北部和西北等地春玉米冷害评估。

2 术语和定义

下列术语和定义适用于本文件。

2.1

大于等于 10℃积温 accumulated temperature ≥10℃
一段时间内大于或等于 10℃的日平均气温累积之和。

2.2

春玉米生长季 spring maize growing season
春玉米从播种到收获的时段。
注：北方春玉米生长季通常为 5—9 月。

2.3

春玉米冷害 chilling injury of spring maize
在春玉米生长季遇到较长时间的持续性低温，导致生育期延迟，正常成熟受到影响，引起减产的农业气象灾害。

2.4

作物受灾面积 area covered of natural disaster
作物生长季内，灾害使农作物较正常年景产量减少 10%以上的种植面积。

2.5

作物成灾面积 area affected of natural disaster
作物生长季内，灾害使农作物较正常年景产量减少 30%以上的种植面积。

2.6

作物绝收面积 area of total crop failure of natural disaster
作物生长季内，灾害使农作物较正常年景产量减少 80%以上的种植面积。

3 符号

下列符号适用于本文件。
H_a：出苗至当前发育期的大于或等于 10℃积温距平；
P：发生轻度及其以上冷害的气象站数占评估区域总站数的百分比；
Q：当年春玉米产量冷害损失占春玉米近三年平均总产的百分比；
$\overline{T}$：5—9 月逐月平均气温之和的多年平均值；
ΔT：当年 5—9 月逐月平均气温之和的距平；
ΔY：单产减产率。

4 评估内容及指标

4.1 北方春玉米生长季内冷害动态评估

在春玉米七叶期、抽雄期和乳熟期,利用出苗至当前发育期的大于或等于10℃积温距平(计算方法见附录A),评估春玉米生长发育受到冷害影响的可能性。评估指标见表1。

表 1 北方春玉米生长季内冷害动态评估指标

发育期	积温距平 H_a ℃·d			冷害发生的可能性 %
	早熟品种	中熟品种	晚熟品种	
出苗—七叶	$H_a<-30$	$H_a<-35$	$H_a<-40$	55
出苗—抽雄	$H_a<-40$	$H_a<-45$	$H_a<-50$	70
出苗—乳熟	$H_a<-45$	$H_a<-50$	$H_a<-55$	78

4.2 北方春玉米冷害影响评估

4.2.1 北方春玉米冷害强度评估

在春玉米生长季结束后,利用当年的5—9月的月平均气温之和的距平 ΔT(计算方法见附录B)来判别冷害强度。冷害强度指标见表2。

表 2 北方春玉米冷害强度指标

冷害强度	5—9月逐月平均气温之和的多年平均值 $\overline{T}$ ℃						单产减产率参考值 %
	$\overline{T}\leqslant80$	$80<\overline{T}\leqslant85$	$85<\overline{T}\leqslant90$	$90<\overline{T}\leqslant95$	$95<\overline{T}\leqslant100$	$100<\overline{T}\leqslant105$	
轻度冷害	$-1.4<\Delta T \leqslant-1.1$	$-1.9<\Delta T \leqslant-1.4$	$-2.4<\Delta T \leqslant-1.7$	$-2.9<\Delta T \leqslant-2.0$	$-3.1<\Delta T \leqslant-2.2$	$-3.3<\Delta T \leqslant-2.3$	$5\leqslant\Delta Y<10$
中度冷害	$-1.7<\Delta T \leqslant-1.4$	$-2.4<\Delta T \leqslant-1.9$	$-3.1<\Delta T \leqslant-2.4$	$-3.7<\Delta T \leqslant-2.9$	$-4.1<\Delta T \leqslant-3.1$	$-4.4<\Delta T \leqslant-3.3$	$10\leqslant\Delta Y<15$
重度冷害	$\Delta T\leqslant-1.7$	$\Delta T\leqslant-2.4$	$\Delta T\leqslant-3.1$	$\Delta T\leqslant-3.7$	$\Delta T\leqslant-4.1$	$\Delta T\leqslant-4.4$	$\Delta Y\geqslant15$

4.2.2 北方春玉米冷害影响范围评估

采用发生轻度及其以上春玉米冷害的气象站数占评估区域总站数(达到10个以上)的百分比来评估冷害影响范围,分为局部春玉米冷害、区域性春玉米冷害和大范围春玉米冷害三个级别。冷害影响范围评估指标见表3。

表 3 北方春玉米冷害影响范围评估指标

影响范围	发生轻度及其以上冷害的气象站数占评估区域总站数的百分比 P %
局部冷害	$P<20$
区域性冷害	$20\leqslant P<50$
大范围冷害	$P\geqslant 50$

4.2.3 北方春玉米产量冷害损失评估

在北方春玉米生长季结束后,利用冷害受灾面积、成灾面积和绝收面积来估算玉米产量冷害损失。计算方法见式(1):

$$\Delta Y_c=[(R_s-R_c-R_j)\times Y_a\times 0.1+(R_c-R_j)\times Y_a\times 0.3+R_j\times Y_a\times 0.8]/10^7 \quad\cdots\cdots(1)$$

式中:

ΔY_c —— 一个区域内由冷害造成的春玉米总产的减产量,单位为千万千克(10^7kg);

R_s —— 一个区域内受冷害影响的春玉米受灾面积,单位为公顷(hm²);

R_c —— 一个区域内受冷害影响的春玉米成灾面积,单位为公顷(hm²);

R_j —— 一个区域内受冷害影响的春玉米绝收面积,单位为公顷(hm²);

Y_a —— 当年该区域的春玉米趋势单产,单位为千克每公顷(kg/hm²)。

利用估算的春玉米产量冷害损失,根据一个区域内当年春玉米产量冷害损失占该区域春玉米近三年平均总产量的百分比的指标,来评估产量冷害损失的等级。评估指标见表 4。

表 4 春玉米产量冷害损失等级

产量损失等级	当年春玉米产量冷害损失占春玉米近三年平均总产量的百分比 Q %
一般损失	$3\leqslant Q<8$
严重损失	$8\leqslant Q<15$
重大损失	$15\leqslant Q<20$
特别重大损失	$Q\geqslant 20$

附 录 A

（规范性附录）

大于或等于10℃积温距平的计算方法

春玉米从出苗至各个发育期的大于或等于10℃积温距平可以表征春玉米出苗至各个发育期是否遭遇持续低温的影响，是判别春玉米延迟型冷害的一个指标。计算方法如式（A.1）所示：

$$H_a = H_t - \overline{H} \qquad\qquad \cdots\cdots\cdots\cdots\cdots\cdots\cdots\cdots (A.1)$$

式中：

H_a——计算时段内日平均气温大于或等于10℃积温距平，单位为摄氏度·天（℃·d）；

H_t——计算时段内日平均气温大于或等于10℃活动积温，单位为摄氏度·天（℃·d）；

$\overline{H}$——计算时段内日平均气温大于或等于10℃活动积温的常年平均值，一般用近3个年代平均值，单位为摄氏度·天（℃·d）。

其中 H_t 的计算方法如式（A.2）所示：

$$H_t = \sum_{i=1}^{n} T_{ai} \qquad\qquad \cdots\cdots\cdots\cdots\cdots\cdots\cdots\cdots (A.2)$$

式中：

T_{ai}——计算时段内日平均气温大于或等于10℃的第 i 天的日平均气温，单位为摄氏度·天（℃·d）；

n——计算时段内日平均气温大于或等于10℃的天数。

附　录　B

（规范性附录）

5—9月逐月平均气温之和及距平的计算方法

各区域5—9月逐月平均气温之和的常年平均值及当年的距平，是表征北方各春玉米生长区域的延迟型冷害的指标，能反映常年气候特征不同的各春玉米生长区域的当年春玉米发生冷害的强度。计算方法如式（B.1）：

$$\Delta T = T_t - \overline{T} \quad\quad\quad\quad\quad\quad\quad\quad\quad (B.1)$$

式中：

ΔT——当年5—9月月平均气温之和的距平，单位为摄氏度（℃）；

T_t——当年5—9月月平均气温之和，单位为摄氏度（℃）；

$\overline{T}$——5—9月月平均气温之和的常年平均值，一般用近3个年代平均值，单位为摄氏度（℃）。

T_t的计算方法如式（B.2）：

$$T_t = T_{5i} + T_{6i} + T_{7i} + T_{8i} + T_{9i} \quad\quad\quad\quad\quad\quad (B.2)$$

式中：

T_{5i}——第i年5月的月平均气温，单位为摄氏度（℃）；

T_{6i}——第i年6月的月平均气温，单位为摄氏度（℃）；

T_{7i}——第i年7月的月平均气温，单位为摄氏度（℃）；

T_{8i}——第i年8月的月平均气温，单位为摄氏度（℃）；

T_{9i}——第i年9月的月平均气温，单位为摄氏度（℃）。

参 考 文 献

[1] QX/T 101—2009 水稻、玉米冷害的等级

[2] QX/T 107—2009 冬小麦、油菜涝渍等级

[3] DB65/T 2991—2009 农作物低温气象灾害定义与分级

[4] 段若溪,姜会飞.农业气象学(面向 21 世纪课程教材).北京:气象出版社.2004

[5] 关贤交,欧阳西荣.玉米低温冷害研究进展.作物研究,2004,(5):353-357

[6] 郭建平,马树庆.农作物低温冷害监测预测理论与实践.北京:气象出版社.2009

[7] 马树庆,袭祝香,王琪.中国东北地区玉米低温冷害风险评估研究.自然灾害学报,2003,
12(3):137-141

[8] 王春乙等.东北地区农作物低温冷害研究.北京:气象出版社.2008

[9] 王馥棠等.农业气象预报概论.北京:农业出版社.1991

[10] 中国农业百科全书总编辑委员会.中国农业百科全书 农业气象卷.北京:农业出版社.1996

ICS 07.060
A 47
备案号：39812—2013

中华人民共和国气象行业标准

QX/T 168—2012

龙眼寒害等级

Grade of chilling injury to *Dimocarpus longan* trees

2012-11-29 发布   2013-03-01 实施

中国气象局 发布

前　言

本标准按照 GB/T 1.1—2009 给出的规则起草。

本标准由全国气象防灾减灾标准化技术委员会(SAC/TC 345)提出并归口。

本标准起草单位:广西壮族自治区气象减灾研究所。

本标准主要起草人:匡昭敏、容军、李莉、何燕、谭宗琨、李秀存、欧钊荣。

引　言

　　龙眼属亚热带果树,在广西、广东、福建等地有较大面积种植。龙眼花芽分化期正是越冬期,花芽分化既要求一定的相对低温,但温度又不能过低,否则易产生寒害。

　　目前各地进行龙眼寒害监测、评估时选择的致灾因子、采用的计算方法、确定的等级指标差异很大,无法进行时空比较。因此,为客观、定量地评估不同产区的龙眼寒害等级及其对产量的影响,特编制本标准,规范区域的、具有空间和时间可比性的龙眼寒害等级标准,使龙眼寒害监测、评估业务规范化、标准化,为防灾减灾、制定救灾政策措施、调整农业布局和结构等提供科学依据。

龙眼寒害等级

1 范围

本标准规定了龙眼寒害等级划分、表征指标及其计算方法。

本标准适用于我国龙眼产区龙眼寒害的调查、统计和评估。

2 规范性引用文件

下列文件对于本文件的应用是必不可少的。凡是注日期的引用文件,仅注日期的版本适用于本文件。凡是不注日期的引用文件,其最新版本(包括所有的修改单)适用于本文件。

QX/T 80—2007 香蕉、荔枝寒害等级

QX/T 81—2007 小麦干旱灾害等级

3 术语和定义

下列术语和定义适用于本文件。

3.1

极端最低气温 extreme minimum air temperature

一段时间内某一地区的最低空气温度。

注:单位为摄氏度(℃)。

3.2

寒害 chilling injury

热带、亚热带植物在冬季生育期间受到一个或多个低温天气过程(一般在 0℃~10℃,有时低于 0℃)影响,造成植物生理机制障碍,导致减产、失收或植株死亡的一种灾害现象。

注:龙眼遭受寒害后,轻者末次梢叶片、枝条干枯,重者整株干枯死亡,造成严重减产甚至绝收,其受害程度与树龄、树势及末次梢老熟状况等有关。

3.3

寒害临界温度 critical temperature of chilling injury

热带、亚热带植物受低温危害的日最低气温上限值。

注:龙眼寒害的临界温度为 5.0℃。

3.4

降水量 precipitation amount

某一时段内的未经蒸发、渗透、流失的降水,在水平面上累积的深度。

[QX/T 52—2007,定义 3.2]

3.5

寒害过程 process of chilling injury

热带、亚热带植物遭受寒害危害的临界温度开始到结束的过程。

注 1:当日最低气温小于或等于 5℃时,龙眼寒害过程开始;当日最低气温大于 5.0℃时,寒害过程结束。

注 2:改写 QX/T 80—2007,定义 2.6。

3.6

积寒 accumulated cold harmful temperature

寒害过程中,低于寒害临界温度的逐时温度与临界温度的差的绝对值累积量。

注1:单位为摄氏度(℃)。

注2:改写 QX/T 80—2007,定义2.7。

3.7

减产率 yield reduction percentage

作物实际产量与其趋势产量的差占趋势产量的百分比的负值。

4 龙眼寒害等级指标

选取寒害极端最低气温、寒害累积日数、寒害积寒、寒害最大降温幅度、日降雨量大于或等于 5 mm 的降水日数共 5 个致灾因子,构建寒害指数,依据寒害指数的量级大小,将龙眼寒害分为轻度、中度、重度、极重四个等级,见表 1。

表 1 龙眼寒害等级指标

致灾等级	寒害指数(HI)	减产率(y_w)
轻度	$HI < 0.3$	$y_w < 10\%$
中度	$0.3 \leqslant HI < 0.8$	$10\% \leqslant y_w < 20\%$
重度	$0.8 \leqslant HI < 2.0$	$20\% \leqslant y_w < 30\%$
极重	$HI \geqslant 2.0$	$y_w \geqslant 30\%$
注:y_w 为龙眼遭受不同等级寒害时可能导致的龙眼减产率,仅供参考。		

5 龙眼寒害指数计算方法

5.1 寒害致灾因子及其计算

5.1.1 概述

寒害发生期指每年 11 月至翌年 3 月期间,当日最低气温小于或等于 5.0℃时,寒害过程开始;当日最低气温大于 5.0℃时,寒害过程结束。

5.1.2 极端最低气温

每年 11 月至翌年 3 月,当日最低气温小于或等于 5.0℃时,取日最低气温的最小值作为寒害极端最低气温。

5.1.3 日最低气温小于或等于 5.0℃的累积日数

每年 11 月至翌年 3 月,当日最低气温小于或等于 5.0℃时,取日最低气温小于或等于 5.0℃的日数作为寒害累积日数。

5.1.4 日最低气温小于或等于 5.0℃的积寒

每年 11 月至翌年 3 月,当日最低气温小于或等于 5.0℃时,取日最低气温小于或等于 5.0℃的日积寒之和作为寒害积寒。积寒的计算方法见 QX/T 80—2007 附录 A。

5.1.5 最大降温幅度

每年 11 月至翌年 3 月,当日最低气温小于或等于 5.0℃ 时,取日平均温度较前一日平均温度下降值(绝对值)的最大值作为寒害最大降温幅度。

5.1.6 日降水量大于或等于 5 mm 的日数

每年 11 月至翌年 3 月,当日最低气温小于或等于 5.0℃ 时,取日降水量大于或等于 5 mm 的降水日数。

5.2 寒害指数计算

5.2.1 对 5 个致灾因子的原始值进行数据标准化处理。标准化处理的计算公式见式(1):

$$X_i = \frac{x_i - \bar{x}}{\sqrt{\sum_{i=1}^{n}(x_i - \bar{x})^2 / n}} \qquad \cdots\cdots\cdots\cdots\cdots\cdots(1)$$

式中:

X_i——某一致灾因子第 i 年的标准化值;

x_i——某一致灾因子第 i 年的原始值;

$\bar{x}$ ——相应致灾因子的 n 年平均值;

i ——年份;

n ——总年数。

5.2.2 将 5 个致灾因子的标准化值分别乘以影响系数后求和,作为寒害指数,计算见式(2):

$$HI = \sum_{j=1}^{5} a_j X_j \qquad \cdots\cdots\cdots\cdots\cdots\cdots(2)$$

式中:

HI ——寒害指数;

a_j ——相应因子的影响系数;

X_j ——致灾因子;其中 $j=1,2,3,4,5$ 时分别代表:

   X_1——日最低气温小于等于 5.0℃ 累积日数的标准化值;

   X_2——极端最低气温的标准化值;

   X_3——最大降温幅度的标准化值;

   X_4——日最低气温小于或等于 5.0℃ 积寒的标准化值;

   X_5——日降水量大于或等于 5 mm 日数的标准化值。

寒害致灾因子的影响系数的计算可采用主成分分析法。我国龙眼产区影响系数 a_j 的参考取值见表 2。

表 2　龙眼产区影响系数 a_j 的参考取值

区　域		a_j 的取值区间	a_j 的平均值
福　建	X_1	$0.240\sim0.363$	0.303
	X_2	$-0.195\sim-0.337$	-0.254
	X_3	$0.037\sim0.269$	0.173
	X_4	$0.281\sim0.380$	0.317
	X_5	$0.068\sim0.266$	0.216

表 2　龙眼产区影响系数 a_j 的参考取值（续）

区　域		a_j 的取值区间	a_j 的平均值
广　东	X_1	0.237～0.334	0.302
	X_2	$-0.234～-0.321$	-0.280
	X_3	0.106～0.238	0.183
	X_4	0.286～0.369	0.322
	X_5	0.032～0.257	0.187
广　西	X_1	0.261～0.339	0.298
	X_2	$-0.198～-0.306$	-0.262
	X_3	0.038～0.259	0.155
	X_4	0.262～0.343	0.299
	X_5	0.117～0.307	0.235

6　减产率的计算

按 QX/T 81—2007 第 4 章进行减产率计算。

参 考 文 献

[1]　QX/T 50—2007　地面气象观测规范　第 6 部分:空气温度和湿度观测

[2]　QX/T 52—2007　地面气象观测规范　第 8 部分:降水观测

[3]　崔读昌.关于冻害、寒害、冷害和霜冻.中国农业气象,1999,**20**(1):56-57

[4]　杜尧东,李春梅,毛慧琴.广东省香蕉与荔枝寒害致灾因子和综合气候指标研究.生态学杂志,2006,**25**(2):225-230

[5]　霍治国,王石立,等.农业和生物气象灾害.北京:气象出版社,2009:52-53

[6]　匡昭敏,李强.龙眼气象灾害指标及发生规律研究综述.中国南方果树,2003,**32**(6):35-38

[7]　温克刚等.中国气象灾害大典——广东卷.北京:气象出版社,2006:275-293

[8]　温克刚等.中国气象灾害大典——福建卷.北京:气象出版社,2007:232-270

[9]　温克刚等.中国气象灾害大典——广西卷.北京:气象出版社,2007:345-348

ICS 07.060
A 47
备案号：39813—2013

中华人民共和国气象行业标准

QX/T 169—2012

橡胶寒害等级

Grade of chilling injury to *Hevea brasiliensis* trees

2012-11-29 发布   2013-03-01 实施

中 国 气 象 局 发布

前　言

本标准按照 GB/T 1.1—2009 给出的规则起草。

本标准由全国气象防灾减灾标准化技术委员会(SAC/TC 345)提出并归口。

本标准起草单位:云南省气象局、西双版纳州气象局。

本标准主要起草人:程建刚、陈瑶、徐远、谭志坚、凌升海、李国华、瞿意明、陈勇、周双喜。

橡胶寒害等级

1 范围

本标准规定了橡胶寒害等级划分、表征指数及其计算方法。
本标准适用于橡胶寒害的调查、统计和评估。

2 规范性引用文件

下列文件对于本文件的应用是必不可少的。凡是注日期的引用文件,仅注日期的版本适用于本文件。凡是不注日期的引用文件,其最新版本(包括所有的修改单)适用于本文件。

QX/T 80—2007 香蕉、荔枝寒害等级

3 术语和定义

下列术语和定义适用于本文件。

3.1

橡胶 *Hevea braziliensis*

大戟科(Euphobiaceae)橡胶树属(*Hevea*)的多年生热带雨林乔木树种。

注:又名巴西橡胶树、三叶橡胶树。橡胶树原产于巴西亚马逊河流域马拉岳西部地区,主产巴西,其次是秘鲁、哥伦比亚、厄瓜多尔、圭亚那、委内瑞拉和玻利维亚。

3.2

极端最低气温 extreme minimum air temperature

一段时间内某一地区的最低空气温度。

注:单位为摄氏度(℃)。

3.3

冷锋 cold front

冷空气前移取代暖空气位置时的锋。

3.4

静止锋 stationary front

位置静止或少动的锋。

3.5

日照时数 sunshine duration

一天内太阳直射光线照射地面的时间。

注:单位为小时(h)。

3.6

橡胶寒害 chilling injury to *Hevea braziliensis* tree

在冬春期间(11月至翌年3月),因气温降低引起的橡胶树生理机能障碍,导致减产甚至死亡的农业气象灾害。

注:橡胶受害后顶芽叶片嫩梢焦枯,树叶不正常脱落,树枝或树干爆皮流胶、干枯,根部死亡,造成严重减产甚至树木死亡,其受害程度与树龄、树势、品种等有关。依据气象条件,橡胶寒害可分成平流型寒害、辐射型寒害和混合型

寒害。

3.7

平流型低温天气 advectional low-temperature weather

在冷锋或（和）静止锋控制下，日照不足、风寒交加、阴冷持久，日平均气温不高于15.0℃且日照时数不超过2小时的天气。

3.8

平流型低温天气持续日数 duration of advectional low-temperature weather

平流型低温天气从开始到结束的天数。

注：当日平均气温不高于15.0℃且日照时数不超过2小时的当日，为平流型低温天气开始；当日平均气温高于15.0℃或者日照时数超过2小时的当日，为平流型低温天气结束。

3.9

平流型低温天气过程 advectional low-temperature synoptic process

平流型低温天气持续日数不少于5天的天气过程。

3.10

平流型寒害 advectional chilling injury

当一个或多个平流型低温天气过程的持续日数的累计天数不少于20天时，由其低温积累引起的橡胶寒害。

3.11

辐射型低温天气 radiative low-temperature weather

冷锋过境后，在冷高压控制下，天气晴朗，夜间强辐射降温，日最低气温不高于5.0℃的天气。

3.12

辐射型低温天气持续日数 duration of radiative low-temperature weather

辐射型低温天气从开始到结束的天数之和。

注：当日最低气温不高于5.0℃，辐射型低温天气开始；当日最低气温高于5.0℃，辐射型低温天气结束。

3.13

辐射型低温天气过程 radiative low-temperature synoptic process

辐射型低温天气持续日数不少于1天的天气过程。

3.14

辐射型寒害 radiative chilling injury

由辐射型低温天气过程导致的橡胶寒害。

3.15

混合型寒害 mixed chilling injury

辐射型低温天气过程和平流型低温天气过程混合出现所导致的橡胶寒害。

3.16

辐射型低温天气过程积寒 radiative accumulated cold temperature

辐射型低温天气过程中，低于5℃的逐时温度与5℃的差的绝对值累积量。

注：单位为摄氏度小时（℃·h）。

3.17

平流型低温天气过程积寒 advectional accumulated cold temperature

平流型低温天气过程中，15℃与日平均温度的差值之和。

注：单位为摄氏度日（℃·d）。

3.18

趋势产量 trend production yield

在一定历史时期社会经济技术发展水平(包括施肥、经营管理、病虫害控制、品种改良以及其他增产措施等)的影响下,农作物在某一时段内的预期产量。

3.19

减产率 yield reduction rate

某年的橡胶实际产量低于其趋势产量的百分比。

注:单位为百分率(%)。

3.20

受害率 suffer injury rate

橡胶树受寒害株数的百分率。

注:单位为百分率(%)。

4 橡胶寒害等级

4.1 寒害指数

选取年度极端最低气温、年度最大降温幅度、年度寒害持续日数、年度辐射型积寒、年度平流型积寒和年度最长平流寒害过程的持续日数共 6 个致灾因子,构建寒害指数(H_I)。

4.2 寒害等级划分

依据寒害指数的大小,将橡胶寒害分为轻度、中度、重度、特重四个等级,见表 1。

表 1 橡胶寒害等级

等级	寒害指数(H_I)
轻度	$H_I < -0.8$
中度	$-0.8 \leqslant H_I < 0.1$
重度	$0.1 \leqslant H_I < 0.7$
特重	$H_I \geqslant 0.7$

不同等级的寒害可能导致的橡胶干胶减产率和橡胶树受害率参考值见表 2。

表 2 橡胶寒害可能导致减产率和受害率的参考值

等级	减产率(y_w)参考值	受害率(Z)参考值
轻度	$y_w < 10\%$	$Z < 56\%$
中度	$10\% \leqslant y_w < 20\%$	$56\% \leqslant Z < 66\%$
重度	$20\% \leqslant y_w < 30\%$	$66\% \leqslant Z < 76\%$
特重	$y_w \geqslant 30\%$	$Z \geqslant 76\%$
注1:y_w 为橡胶树遭受不同等级寒害时可能导致的橡胶干胶减产率,计算方法参见 QX/T 81—2007 的第 4 章。		
注2:Z 为橡胶树遭受不同等级寒害时可能导致的橡胶树受害率。		

5 橡胶寒害指数计算方法

5.1 寒害致灾因子及其计算

5.1.1 年度极端最低气温

在 11 月至翌年 3 月期间出现的历次平流型低温天气过程和辐射型低温天气过程中,取日最低气温最低的 1 次作为年度寒害极端最低气温。计算公式见式(1):

$$L = \min_{i=1}^{n}\{L_i\} \qquad \cdots\cdots\cdots\cdots\cdots\cdots\cdots(1)$$

式中:

L ——年度极端最低气温,单位为摄氏度($℃$);

n ——年度所有平流型低温天气过程和辐射型低温天气过程的次数;

i ——年度平流型寒害天气过程的逐个次数;

L_i——某次平流型低温天气过程或辐射型低温天气过程中逐日最低气温中的最低值,单位为摄氏度($℃$)。

5.1.2 年度最大降温幅度

在 11 月至翌年 3 月期间出现的历次平流型低温天气过程和辐射型低温天气过程中,取日平均温度降幅最大的 1 次作为年度寒害最大降温幅度。计算公式见式(2):

$$T = \max_{k=1}^{n}\{T_k\} \qquad \cdots\cdots\cdots\cdots\cdots\cdots\cdots(2)$$

式中:

T ——年度最大降温幅度,单位为摄氏度($℃$);

n ——年度所有平流型低温天气过程和辐射型低温天气过程的次数;

k ——年度平流型低温天气过程和辐射型低温天气过程的逐个次数;

T_k——某次平流型低温天气过程或辐射型低温天气过程的最大降温幅度,单位为摄氏度($℃$)。

5.1.3 年度寒害持续日数

5.1.3.1 在 11 月至翌年 3 月期间,如果出现至少 1 次辐射型低温天气过程,则年度的寒害持续日数为历次平流型低温天气过程持续日数和辐射型低温天气过程持续日数之和。计算公式见式(3):

$$D = \sum_{i=1}^{n}D_i + \sum_{j=1}^{m}D_j \qquad \cdots\cdots\cdots\cdots\cdots\cdots\cdots(3)$$

式中:

D ——年度寒害持续日数,单位为日(d);

n ——年度所有平流型低温天气过程的次数;

i ——年度平流型寒害天气过程的逐个次数;

D_i——某次平流型低温天气过程的持续日数,单位为日(d);

m ——年度所有辐射型低温天气过程的次数;

j ——年度辐射型寒害天气过程的逐个次数;

D_j——某次辐射型低温天气过程的持续日数,单位为日(d)。

5.1.3.2 在 11 月至翌年 3 月期间,如果没有出现辐射型低温天气过程,而只出现平流型寒害时,年度寒害持续日数为累计持续日数不少于 20 天的平流型低温天气过程的所有过程日数之和。计算公式见式(4):

$$D = \sum_{i=1}^{n} D_i \quad \cdots\cdots\cdots\cdots\cdots\cdots\cdots\cdots\cdots (4)$$

式中：

D ——年度寒害持续日数，单位为日(d)；

n ——年度所有平流型低温天气过程的次数；

i ——年度平流型寒害天气过程的逐个次数；

D_i——某次平流型低温天气过程的持续日数，单位为日(d)。

5.1.4 年度辐射型积寒

在11月至翌年3月期间出现的历次辐射型低温天气过程中，取所有辐射型低温天气过程积寒之和，作为年度辐射型积寒。辐射型积寒的计算方法见 QX/T 80—2007 的附录 A。

5.1.5 年度平流型积寒

在11月至翌年3月期间出现的历次平流型低温天气过程中，取所有平流型低温天气过程积寒之和，作为年度平流型积寒。计算公式见式(5)：

$$G = \sum_{p=1}^{n} (15 - T_p) \quad \cdots\cdots\cdots\cdots\cdots\cdots\cdots (5)$$

式中：

G ——年度平流型积寒，单位为摄氏度日(℃·d)；

n ——年度所有平流型低温天气过程的持续日数；

p ——年度平流型低温天气过程的逐个日数；

T_p——平流型低温天气过程内每日日平均气温，单位为摄氏度(℃)。

5.1.6 年度最长平流型低温天气过程的持续日数

在11月至翌年3月期间出现的历次平流型低温天气过程中，取最长一次过程的持续日数，作为年度最长平流寒害过程持续日数。计算公式见式(6)：

$$D_{max} = \max_{q=1}^{n} \{D_q\} \quad \cdots\cdots\cdots\cdots\cdots\cdots (6)$$

式中：

D_{max}——年度最长平流型低温天气过程的持续日数，单位为日(d)；

n ——年度所有平流型低温天气过程的次数；

q ——年度平流型低温天气过程的逐个次数；

D_q ——某次平流型低温天气过程的持续日数，单位为日(d)。

5.2 寒害指数计算

5.2.1 对6个致灾因子的原始值进行数据标准化处理。计算公式见式(7)：

$$X_i = \frac{x_i - \bar{x}}{\sqrt{\sum_{i=1}^{n} (x_i - \bar{x})^2 / n}} \quad \cdots\cdots\cdots\cdots\cdots\cdots (7)$$

式中：

X_i——某一致灾因子第 i 年的标准化值；

x_i ——某一致灾因子第 i 年的实际值；

$\bar{x}$ ——相应致灾因子的多年平均值；

n ——总年数；

i ——年份。

5.2.2 将6个致灾因子的标准化值分别乘以影响系数后求和,作为寒害指数,见式(8):

$$H_I = \sum_{i=1}^{6} a_i X_i \qquad \cdots\cdots\cdots\cdots\cdots\cdots\cdots(8)$$

式中:

H_I ——年度寒害指数;

a_i ——相应致灾因子的影响系数;

X_i ——6个致灾因子的标准化值。其中:

X_1 为年度极端最低气温 L 的标准化值;

X_2 为年度最大降温幅度 T 的标准化值;

X_3 为年度寒害持续日数 D 的标准化值;

X_4 为年度辐射型积寒的标准化值;

X_5 为年度平流型积寒 K 的标准化值;

X_6 为年度最长平流型低温天气过程的持续日数 D_{max} 的标准化值。

寒害致灾因子的影响系数 a_i 的计算可采用主成分分析法。我国主要橡胶种植区影响系数的参考取值参见附录A。

附　录　A

（资料性附录）

我国主要橡胶种植区寒害致灾因子影响系数的参考取值

表 A.1 给出了我国主要橡胶种植区寒害致灾因子的影响系数 a_i 的参考取值。

表 A.1　我国主要橡胶种植区寒害致灾因子影响系数 a_i 的参考取值

区域	标准化后的致灾因子	a_i 参考取值	备注
辐射型寒害为主的地区	X_1	-0.376 ± 0.090	包括云南省哀牢山以西地区、海南省南部等地
	X_2	0.312 ± 0.110	
	X_3	0.431 ± 0.030	
	X_4	0.362 ± 0.050	
	X_5	0	
	X_6	0	
混合型寒害为主的地区	X_1	0.154 ± 0.100	包括云南省哀牢山以东地区、海南省中北部、广东省等地
	X_2	0.213 ± 0.070	
	X_3	0.302 ± 0.070	
	X_4	0.100 ± 0.100	
	X_5	0.309 ± 0.060	
	X_6	0.284 ± 0.060	
注：X_1 为年度极端最低气温的标准化值；X_2 为年度最大降温幅度的标准化值；X_3 为年度寒害持续日数的标准化值；X_4 为年度辐射型积寒的标准化值；X_5 为年度平流型积寒的标准化值；X_6 为年度最长平流型低温天气过程的持续日数的标准化值。			

参 考 文 献

[1]　NY/T 221—2006　橡胶树栽培技术规程

[2]　QX/T 81—2007　小麦干旱灾害等级

[3]　大气科学名词审定委员会.大气科学名词.北京:科学出版社,2009:19-103

[4]　杜尧东,李春梅,毛慧琴.广东省香蕉与荔枝寒害致灾因子和综合气候指标研究.生态学杂志,2006,**25**(2):225-230

[5]　华南热带作物学院.橡胶栽培学.北京:农业出版社,1989:12-214

[6]　王龙,王涓,白建相.云南河口地区2007/2008年橡胶树寒害普查报告.热带农业科技,2009,**32**(1):11-14

[7]　温克刚等.中国气象灾害大典—广东卷.北京:气象出版社,2006:275-293

[8]　温克刚等.中国气象灾害大典—云南卷.北京:气象出版社,2006:436-477

[9]　温克刚等.中国气象灾害大典—广西卷.北京:气象出版社,2007:345-358

[10]　温克刚等.中国气象灾害大典—海南卷.北京:气象出版社,2008:162-168

[11]　许闻献,潘衍庆.我国橡胶树抗寒生理研究的进展.热带作物学报,1992,**13**(1):1-6

[12]　云南农垦集团有限责任公司,云南省热带作物学会.云南热带北缘高海拔植胶的理论与实践.云南.2005:100-266

[13]　张汝.橡胶树寒害的农业气象条件分析.农业气象,1985,**4**:52-54

ICS 07.060
A 47
备案号：39814—2013

中华人民共和国气象行业标准

QX/T 170—2012

台风灾害影响评估技术规范

Technical specification for typhoon disaster assessment

2012-11-29 发布

2013-03-01 实施

中 国 气 象 局 发布

前　言

本标准按照 GB/T 1.1—2009 给出的规则起草。

本标准由全国气象防灾减灾标准化技术委员会(SAC/TC 345)提出并归口。

本标准起草单位:上海市气象局、国家气候中心。

本标准主要起草人:雷小途、陈佩燕、穆海振、杨玉华、闫宇平、姜允迪。

台风灾害影响评估技术规范

1 范围

本标准规定了台风灾害影响的评估因子、评估指标以及台风灾害影响等级的划分。
本标准适用于台风灾害影响后评估业务和科研工作。

2 术语和定义

下列术语和定义适用于本文件。

2.1

台风灾害影响综合评估指数 composite index for damage caused by typhoon;CIDT
总体上描述某次台风过程对全国或某省(区、市)的灾害影响程度的指数。

2.2

死亡人数 death toll
以台风灾害为直接原因导致死亡和失踪(下落不明)人口的数量。
注:单位为人。

2.3

农作物受灾面积 crop area affected
因台风灾害减产1成(含1成)以上的农作物播种面积。
注:单位为千公顷,反映农作物受到灾害影响的范围(如果同一地块的当季农作物多次因同一台风受灾,只计算其中受灾最重的一次)。

2.4

倒塌房屋数 number of collapsed houses
指因台风灾害导致房屋两面以上墙壁坍塌,或房顶坍塌,或房屋结构濒于崩溃、倒毁,必须进行拆除重建的房屋数量。
注:单位为万间。

2.5

直接经济损失 direct economic loss;DEL
台风灾害造成的全社会各种直接经济损失的总和(因灾停产、停运等造成的间接经济损失不统计在内)。
注:单位为亿元人民币。

2.6

直接经济损失率 direct economic loss rate
台风所造成直接经济损失与国内生产总值(GDP)之比。
注:单位为万分之一。

3 台风灾害影响评估因子和指标

3.1 台风灾害影响的评估因子

台风灾害影响的评估因子为死亡人数、农作物受灾面积、倒塌房屋数和直接经济损失。

3.2 台风灾害影响的评估指标

取台风造成的死亡人数、农作物受灾面积、倒塌房屋数和直接经济损失这4个灾害因子的加权平均,作为评估台风灾害影响的指数,来综合描述某次台风过程对全国或某省(区、市)的灾害影响程度。

3.3 指标计算

CIDT 计算公式为:

$$CIDT = 10 \times \sqrt{\sum_{i=1}^{4} a_i d_i} \qquad \cdots\cdots\cdots\cdots\cdots\cdots\cdots(1)$$

式中:

CIDT —— 台风灾害影响综合评估指数;

a_i —— 灾害因子系数,a_i 的取值见表1;

d_i —— 灾害因子。其中:d_1 为死亡人数;d_2 为农作物受灾面积;d_3 为倒塌房屋数;d_4 为直接经济损失率,按下式计算:

$$d_4 = \frac{DEL}{GDP} \times 10000 \qquad \cdots\cdots\cdots\cdots\cdots\cdots\cdots(2)$$

式中:

DEL——直接经济损失;

GDP——国内生产总值。

在计算全国范围的直接经济损失率时,采用上一年全国国内生产总值;计算某个台风对某省(区、市)范围的直接经济损失率时,采用上一年该省(区、市)区域内生产总值。台风灾害影响的评估因子系数见表1。

表 1 台风灾害影响的评估因子系数

范围	系数			
	a_1	a_2	a_3	a_4
全国	1.279×10^{-3}	2.648×10^{-4}	3.019×10^{-2}	1.974×10^{-2}
省(区、市)	1.281×10^{-3}	6.902×10^{-4}	5.143×10^{-2}	7.137×10^{-4}
注:根据国家气候中心和上海台风研究所共同整理的1984—2008年的历史台风灾害资料的计算确定。				

4 台风灾害影响等级的划分

根据 CIDT 划分台风灾害影响等级,见表2。

表 2　台风灾害影响等级的划分

范围	等级			
	轻灾	中灾	重灾	特重灾
全国	CIDT≤3.30	3.30<CIDT≤6.80	6.80<CIDT≤10.20	CIDT>10.20
省(区、市)	CIDT≤2.57	2.57<CIDT≤5.70	5.70<CIDT≤10.00	CIDT>10.00

ICS 07.060

A 47

备案号：39815—2013

中华人民共和国气象行业标准

QX/T 171—2012

短消息 LED 屏气象信息显示规范

Specification for LED panel display of SMS-based meteorological information

2012-11-29 发布 2013-03-01 实施

中 国 气 象 局 发 布

前　　言

本标准按照 GB/T 1.1—2009 给出的规则起草。

请注意本文件的某些内容可能涉及专利。本文件的发布机构不承担识别这些专利的责任。

本标准由全国气象基本信息标准化技术委员会(SAC/TC 346)提出并归口。

本标准起草单位:山东省泰安市气象局、泰安市技术监督情报所、山东泰安泰山齐美显示科技发展有限公司、沈阳市恒远电子有限公司。

本标准主要起草人:徐德力、张兴强、丁善文、张莉、刘瑞国、苗长忠、张彤、米爱娟。

引　言

　　基于短消息业务(SMS)的发光二极管(LED)无线显示屏在气象服务领域有着广泛的应用,为了实现气象信息短消息 LED 屏的兼容性,提高气象信息显示的规范性,制定本标准。

短消息 LED 屏气象信息显示规范

1 范围

本标准规定了气象信息短消息 LED 显示屏(以下简称短消息屏)的分类、组成和技术要求等。

本标准适用于短消息屏的设计、制造及应用。

2 规范性引用文件

下列文件对于本文件的应用是必不可少的。凡是注日期的引用文件,仅注日期的版本适用于本文件。凡是不注日期的引用文件,其最新版本(包括所有的修改单)适用于本文件。

GB 2312 文字信息交换用汉字编码字符集 基本集

SJ/T 11141 LED 显示屏通用规范

3 术语和定义

SJ/T 11141 界定的以及下列术语和定义适用于本文件。为了便于使用,以下重复列出了 SJ/T 11141 中的某些术语和定义。

3.1

LED 显示屏 LED panel

通过一定的控制方式,由发光二极管器件阵列组成的显示屏幕。

[SJ/T 11141—2003,定义 3.2]

3.2

气象灾害预警信号 meteorological disaster warning signal

各级气象主管机构所属的气象台站向社会公众发布的气象灾害预警信息,由名称、图标、标准和防御指南组成。

3.3

气象灾害预警信号图标 meteorological disaster warning signal icon

各级气象主管机构所属的气象台站向社会公众发布的气象灾害预警信息的图形标志。

3.4

短消息业务 short message service;SMS

通信系统提供的通信终端之间,或者通信终端与其他短消息实体之间进行的文字信息收发业务。

注:改写 YD/T 1775—2008,定义 3。

4 分类和组成

4.1 分类

短消息屏按使用环境分为室内屏和室外屏;按显示颜色分为单基色屏、双基色屏(由红、绿、蓝三基色中任意两基色 LED 器件组成)和全彩色屏(由红、蓝、绿三基色 LED 器件组成)。

4.2 组成

短消息屏由 LED 显示屏幕、LED 显示屏控制卡、短消息终端、供电系统、箱体、安装连接件等组成。

5 技术要求

5.1 信息接收

应能接入公众移动通信网络接收短消息,包括大于 70 个汉字的短消息。短消息接收指令格式应符合 A.1 的规定。

应具备短消息指令信息结束符智能识别功能。

5.2 信息存储

存储文字信息、预警信号图标代码和文字信息显示参数的信息存储位置(以下简称存储位置)应具备 100 个,每个存储位置的存储容量不少于 512 个字节,存储位置以 2 位阿拉伯数字顺序编号,编号范围为 00～99。

文字信息、预警信号图标代码和文字信息显示参数按短消息指令中指定的存储位置存储。在同一存储位置,新收到的信息覆盖原有信息。

5.3 信息显示

5.3.1 应具备文字信息显示区和气象灾害预警信号图标(以下简称预警信号图标)显示区。显示文字信息和预警信号图标指令应符合 A.2 的规定,删除文字信息和预警信号图标指令应符合 A.3 的规定。

5.3.2 文字信息显示参数应按存储位置独立设定,并能恢复到出厂设置值。设定显示参数指令应符合 A.4 的规定。

5.3.3 依据屏体大小应能显示 16 点阵、24 点阵、32 点阵、48 点阵、64 点阵字号,汉字编码符合 GB 2312 要求,字体宜选用黑体。

5.3.4 文字信息显示级别按紧急程度分为特别紧急、紧急、普通三级。在 100 个存储位置中,特别紧急文字信息存储位置只能设定 1 个,紧急文字信息存储位置可设定 2 个以上,其他默认为普通级别文字信息存储位置。同级别文字信息按存储位置编号依次循环显示。不同级别文字信息显示规则见表 A.6 第 10 项。

5.3.5 文字信息能按预先设定的时间长度显示完毕后自动删除。

5.3.6 应闪烁显示气象灾害预警信号图标。闪烁时间间隔为 0.5 秒(亮 0.5 秒、灭 0.5 秒),直至收到删除预警信号图标指令。多个预警信号图标在同一个显示区域显示时,按预警信号图标代码存储位置编号的升序依次循环显示,每个图标显示的时间为 3 秒。

5.4 控制功能

5.4.1 应具备控制权分级功能。设定 1 个号码为主控制权号码,拥有对短消息屏的全部操作权限,其他号码只准许设定文字信息显示参数、发送和删除文字信息及预警信号图标。设定主控制权号码指令应符合 A.5 的规定。

5.4.2 应具备基于白名单和验证码的短消息过滤功能。对非白名单号码发送的短消息、验证码不正确的短消息予以拦截。白名单号码最多设定 9 个。验证码由 2 个汉字组成,2 个汉字不宜组成汉语常用词。设定短消息过滤功能指令应符合 A.6 的规定。短消息屏出厂状态为能接收所有号码的指令,当接收到设定主控制权号码指令后,立即开启控制权分级功能和短消息过滤功能。

5.4.3 应具备远程开关屏幕、定时开关屏幕、设定屏幕定时调亮、校时、短消息屏初始化等控制功能，相应控制功能指令应符合 A.7 的规定。在关屏状态下,当收到特别紧急、紧急文字信息显示指令时,短消息屏应自动开启屏幕。

5.4.4 应支持通过外接数据接口或初始化按键将短消息屏的配置参数恢复到出厂设置值。

附　录　A

（规范性附录）

气象信息短消息 LED 屏指令及释义

A.1　指令格式

指令格式：＊＊＆＆a…a＄＃％，其释义见表 A.1。

表 A.1　指令格式释义

序号	格式	名称	释义
1	＊＊	验证码	由 2 个汉字组成，2 个汉字不宜组成汉语常用词
2	＆＆ᵃ	功能代码	由 2 位阿拉伯数字组成
3	a…a	指令内容	字符
4	＄＃％	信息结束符	可选项。信息结束符之后的字符内容将不被执行或显示。本标准默认指令中不含信息结束符。当短消息发送实体自动在短消息末尾添加指令内容之外的字符时，指令中应包含信息结束符
ᵃ 见表 A.2。			

表 A.2　功能代码表

功能类别	功能代码	功能描述
删除文字信息和气象灾害预警信号图标	00	删除文字信息和气象灾害预警信号图标
显示文字信息和气象灾害预警信号图标	01	显示文字信息和气象灾害预警信号图标
设定文字信息显示参数	02	设定文字信息显示参数
	03	文字信息显示参数初始化
控制权分级	04	设定主控制权号码
短消息过滤	05	设定白名单号码
	06	删除白名单号码
	07	修改验证码
其他控制功能	08	远程开关屏幕
	09	定时开关屏幕
	10	设定屏幕定时调亮
	11	校时
	12	短消息屏初始化
扩展功能	13～99	扩展码

A.2 显示文字信息和气象灾害预警信号图标

显示文字信息和气象灾害预警信号图标指令格式：＊＊01nnJwwb…b，其释义见表A.3。

表 A.3 显示文字信息和气象灾害预警信号图标指令释义

序号	格式	名称	释义
1	＊＊	验证码	由2个汉字组成，2个汉字不宜组成汉语常用词
2	01	功能代码	显示文字信息和气象灾害预警信号图标功能代码
3	nn	文字信息和气象灾害预警信号图标代码存储位置编号	文字信息和气象灾害预警信号图标代码在短消息屏中的存储位置编号，取值2位阿拉伯数字00～99
4	Jww^a	气象灾害预警信号图标代码	预警信号图标显示区要显示的气象灾害预警信号图标代码。J取大写英文字母B、Y、O、R，分别代表蓝、黄、橙、红四种气象灾害预警等级；ww取2位阿拉伯数字01～99，代表气象灾害种类。省略此指令码，则只显示文字信息
5	b…b	文字信息内容	字符
^a 见表A.4。			

示例1：

短消息屏收到短消息"气翔0122天气预报"后，则将文字信息"天气预报"存储在22号存储位置并在屏幕上显示。"气翔"为默认验证码，下同。

示例2：

短消息屏收到短消息"气翔0103B02泰安市气象台今天07时07分发布暴雨蓝色预警信号"后，则将气象灾害预警信号图标代码"B02"和文字信息"泰安市气象台今天07时07分发布暴雨蓝色预警信号"存储在03号存储位置，并在屏幕上显示文字信息，同时在预警信号图标显示区闪烁显示暴雨蓝色预警信号图标。

表 A.4 气象灾害预警信号图标代码表

气象灾害种类	气象灾害预警信号图标代码	气象灾害预警信号图标名称	气象灾害种类	气象灾害预警信号图标代码	气象灾害预警信号图标名称
台风 (01)	W01	扩展码	暴雪 (03)	B03	暴雪蓝色预警信号图标
	B01	台风蓝色预警信号图标		Y03	暴雪黄色预警信号图标
	Y01	台风黄色预警信号图标		O03	暴雪橙色预警信号图标
	O01	台风橙色预警信号图标		R03	暴雪红色预警信号图标
	R01	台风红色预警信号图标			
暴雨 (02)	B02	暴雨蓝色预警信号图标	寒潮、寒冷 (04)	B04	寒潮(寒冷)蓝色预警信号图标
	Y02	暴雨黄色预警信号图标		Y04	寒潮(寒冷)黄色预警信号图标
	O02	暴雨橙色预警信号图标		O04	寒潮(寒冷)橙色预警信号图标
	R02	暴雨红色预警信号图标		R04	寒潮(寒冷)红色预警信号图标

表 A.4　气象灾害预警信号图标代码表(续)

气象灾害种类	气象灾害预警信号图标代码	气象灾害预警信号图标名称	气象灾害种类	气象灾害预警信号图标代码	气象灾害预警信号图标名称
大风 (05)	B05	大风蓝色预警信号图标	霾 (13)	B13	扩展码
	Y05	大风黄色预警信号图标		Y13	霾黄色预警信号图标
	O05	大风橙色预警信号图标		O13	霾橙色预警信号图标
	R05	大风红色预警信号图标		R13	扩展码
沙尘暴 (06)	B06	扩展码	道路结冰 (14)	B14	扩展码
	Y06	沙尘暴黄色预警信号图标		Y14	道路结冰黄色预警信号图标
	O06	沙尘暴橙色预警信号图标		O14	道路结冰橙色预警信号图标
	R06	沙尘暴红色预警信号图标		R14	道路结冰红色预警信号图标
高温 (07)	B07	扩展码	冻雨、 电线积冰 (15)	B15	扩展码
	Y07	高温黄色预警信号图标		Y15	扩展码
	O07	高温橙色预警信号图标		O15	扩展码
	R07	高温红色预警信号图标		R15	扩展码
干旱 (08)	B08	扩展码	低温冷害、 持续低温、 低温 (16)	B16	扩展码
	Y08	扩展码		Y16	扩展码
	O08	干旱橙色预警信号图标		O16	扩展码
	R08	干旱红色预警信号图标		R16	扩展码
雷电 (09)	B09	扩展码	静风 (17)	B17	扩展码
	Y09	雷电黄色预警信号图标		Y17	扩展码
	O09	雷电橙色预警信号图标		O17	扩展码
	R09	雷电红色预警信号图标		R17	扩展码
冰雹 (10)	B10	扩展码	干热风 (18)	B18	扩展码
	Y10	扩展码		Y18	扩展码
	O10	冰雹橙色预警信号图标		O18	扩展码
	R10	冰雹红色预警信号图标		R18	扩展码
霜冻 (11)	B11	霜冻蓝色预警信号图标	龙卷风 (19)	B19	扩展码
	Y11	霜冻黄色预警信号图标		Y19	扩展码
	O11	霜冻橙色预警信号图标		O19	扩展码
	R11	扩展码		R19	扩展码
大雾 (12)	B12	扩展码	连阴雨 (20)	B20	扩展码
	Y12	大雾黄色预警信号图标		Y20	扩展码
	O12	大雾橙色预警信号图标		O20	扩展码
	R12	大雾红色预警信号图标		R20	扩展码

表 A.4　气象灾害预警信号图标代码表(续)

气象灾害种类	气象灾害预警信号图标代码	气象灾害预警信号图标名称	气象灾害种类	气象灾害预警信号图标代码	气象灾害预警信号图标名称
洪水 (21)	B21	扩展码	火险、森林 (草原) 火险(23)	B23	扩展码
	Y21	扩展码		Y23	扩展码
	O21	扩展码		O23	扩展码
	R21	扩展码		R23	扩展码
雨涝 (22)	B22	扩展码	臭氧 (24)	B24	扩展码
	Y22	扩展码		Y24	扩展码
	O22	扩展码		O24	扩展码
	R22	扩展码		R24	扩展码
注:气象灾害种类代码取值2位阿拉伯数字00～99。					

A.3　删除文字信息和气象灾害预警信号图标

删除文字信息和气象灾害预警信号图标指令格式:＊＊00nngg,其释义见表A.5。

表 A.5　删除文字信息和气象灾害预警信号图标指令释义

序号	格式	名称	释义
1	＊＊	验证码	由2个汉字组成,2个汉字不宜组成汉语常用词
2	00	功能代码	删除文字信息和气象灾害预警信号图标功能代码
3	nngg	文字信息和预警信号图标代码存储位置编号	文字信息和预警信号图标代码在短消息屏中的存储位置编号,取值2位阿拉伯数字00～99。编号nn与gg均有,删除nn到gg(含nn、gg,下同)存储位置的所有文字信息和预警信号图标代码;省略gg,直接删除nn存储位置的文字信息和预警信号图标代码;省略nngg,清空全部存储位置的文字信息和预警信号图标代码。预警信号图标代码删除后,预警信号图标显示区上对应预警信号图标熄灭

示例:

短消息屏收到短消息"气翔000811"后,则删除放置在08号、09号、10号、11号存储位置的文字信息,08～11号存储位置如有气象灾害预警信号图标代码同时删除,预警信号图标显示区上对应预警信号图标熄灭。

A.4　设定文字信息显示参数

A.4.1　设定文字信息显示参数指令格式:＊＊02nngg,a,b,c,d,e,ff,g,hhhh,其释义见表A.6。

表 A.6　设定文字信息显示参数指令释义

序号	格式	名称	释义
1	＊＊	验证码	由2个汉字组成,2个汉字不宜组成汉语常用词
2	02	功能代码	设定文字信息显示参数功能代码
3	nngg	文字信息存储位置编号	文字信息在短消息屏中的存储位置编号,取值2位阿拉伯数字00～99。编号 nn 与 gg 不同,设定 nn 到 gg(含 nn、gg,下同)之间所有存储位置文字信息的显示参数;编号 nn 与 gg 相同,直接设定 nn 存储位置文字信息的显示参数
4	a	字号	取值阿拉伯数字0～9,0——16×16 点阵字号,1——24×24 点阵字号,2——32×24 点阵字号,3——48×48 点阵字号,4——64×48 点阵字号,其他为扩展码
5	b	字体	取值阿拉伯数字0～9,0——宋体,1——黑体,其他为扩展码
6	c	字幕出场方式	取值阿拉伯数字0～9,0——上移,1——左移,其他为扩展码
7	d	字幕显示颜色	取值阿拉伯数字0～9,0——红色,1——绿色,2——蓝色,其他为扩展码
8	e	字幕移动速度	取值阿拉伯数字0～9,0级最快,字幕移动速度大于或等于2.5字/秒;9级最慢,字幕移动速度小于或等于1.5字/秒
9	ff	字幕停留时间	取值2位阿拉伯数字,单位为秒
10	g	文字信息显示级别	取值阿拉伯数字0～9。0——普通,默认所有存储位置文字信息为普通级别信息,按存储位置编号的升序依次循环显示;1——紧急,每隔1条普通级别文字信息显示紧急存储位置文字信息1次;2——特别紧急,只显示该存储位置文字信息,其他位置文字信息屏蔽。其他为扩展码
11	hhhh	文字信息显示时间长度	取值4位阿拉伯数字,以小时为单位,文字信息在显示该时间长度后自动删除
注:从文字信息存储位置编号之后开始,用半角",",将每个参数隔开。				

示例:

短消息屏收到短消息"气翔 021122,1,1,1,1,1,01,1,2222"后,则设定 11 号至 22 号存储位置文字信息的显示参数为:字号为24×24 点阵,字体为黑体,出场方式为左移,字幕显示颜色为绿色,移动速度为1级,停留时间为1秒,文字信息显示级别为"紧急",显示 2222 小时后自动删除。

A.4.2　文字信息显示参数初始化指令格式:＊＊03,其释义见表 A.7。

表 A.7　文字信息显示参数初始化指令释义

序号	格式	名称	释义
1	＊＊	验证码	由2个汉字组成,2个汉字不宜组成汉语常用词
2	03	功能代码	恢复所有存储位置文字信息显示参数到出厂设置值

示例:

短消息屏收到短消息"气翔 03"后,则将所有存储位置文字信息显示参数恢复到出厂设置值。

A.5 控制权分级

设定主控制权号码指令格式：＊＊04bbbbbbbbbb,bbbbbbbbbb,其释义见表A.8。

A.8 设定主控制权号码指令释义

序号	格式	名称	释义
1	＊＊	验证码	由2个汉字组成,2个汉字不宜组成汉语常用词
2	04	功能代码	设定主控制权号码功能代码
3	bbbbbbbbbb, bbbbbbbbbb	主控制权号码	由阿拉伯数字组成,最多20位。半角","后为主控制权号码重复输入,两次输入的号码相同设定才生效

示例:

短消息屏收到短消息"气翔0413344556677,13344556677"后,则设定13344556677为主控制权号码。

A.6 短消息过滤

A.6.1 设定白名单号码指令格式：＊＊05nbbbbbbbbbb,其释义见表A.9。

表A.9 设定白名单号码指令释义

序号	格式	名称	释义
1	＊＊	验证码	由2个汉字组成,2个汉字不宜组成汉语常用词
2	05	功能代码	设定白名单号码功能代码
3	n	白名单号码序号	取值阿拉伯数字1~9
4	bbbbbbbbbb	白名单号码	由阿拉伯数字组成,最多20位

示例:

短消息屏收到短消息"气翔05213344556677"后,则设定13344556677为白名单号码,序号为2。

A.6.2 删除白名单号码指令格式：＊＊06n,其释义见表A.10。

表A.10 删除白名单号码指令释义

序号	格式	名称	释义
1	＊＊	验证码	由2个汉字组成,2个汉字不宜组成汉语常用词
2	06	功能代码	删除白名单号码功能代码
3	n	白名单号码序号	取值阿拉伯数字1~9,省略n则删除除主控制权号码之外的全部白名单号码

示例:

短消息屏收到短消息"气翔068"后,则删除序号为8的白名单号码。

A.6.3 修改验证码指令格式：＊＊07＊＊,＊＊,其释义见表A.11。

表 A.11　修改验证码指令释义

序号	格式	名称	释义
1	＊＊	验证码	由2个汉字组成,2个汉字不宜组成汉语常用词
2	07	功能代码	修改验证码功能代码
3	＊＊,＊＊	新验证码	由2位汉字组成。半角","后为新验证码重复输入,两次输入的验证码相同修改才生效

示例:

短消息屏收到短消息"气翔07风运,风运"后,则验证码修改为"风运"。

A.7　设定其他控制功能

A.7.1　远程开关屏幕指令格式:＊＊08b,其释义见表 A.12。

表 A.12　远程开关屏幕指令释义

序号	格式	名称	释义
1	＊＊	验证码	由2个汉字组成,2个汉字不宜组成汉语常用词
2	08	功能代码	远程开关屏幕功能代码
3	b	开关屏幕指令代码	取值阿拉伯数字0、1,0——关闭屏幕,1——打开屏幕

示例:

短消息屏收到短消息"气翔080"后,则立即关闭屏幕。

A.7.2　定时开关屏幕指令格式:＊＊09$h_1h_1h_2h_2$,…,$h_mh_mh_nh_n$,其释义见表 A.13。

表 A.13　定时开关屏幕指令释义

序号	格式	名称	释义
1	＊＊	验证码	由2个汉字组成,2个汉字不宜组成汉语常用词
2	09	功能代码	定时开关屏幕功能代码
3	$h_1h_1h_2h_2$,…,$h_mh_mh_nh_n$	屏幕开启时段	$h_1h_1h_2h_2$,…,$h_mh_mh_nh_n$ 为屏幕开启时段。h_1h_1,…,h_mh_m 为屏幕开启时段的开始时间,h_2h_2,…,h_nh_n 为屏幕开启时段的结束时间,采用24小时制,精确到小时,取值2位阿拉伯数字。多组屏幕开启时段以半角","隔开,可设定的屏幕开启时段宜在2组以上

示例:

短消息屏收到短消息"气翔090612,1323"后,则屏幕开启的时间为每天的06时至12时、13时至23时。

A.7.3　屏幕定时调亮指令格式:＊＊10$c_1h_1h_1h_2h_2$,…,$c_nh_mh_mh_nh_n$,其释义见表 A.14。

表 A.14　屏幕定时调亮指令释义

序号	格式	名称	释义
1	＊＊	验证码	由 2 个汉字组成,2 个汉字不宜组成汉语常用词
2	10	功能代码	设定屏幕定时调亮功能代码
3	$c_1 h_1 h_1 h_2 h_2, \cdots, c_n h_m h_m h_n h_n$	屏幕亮度时段	$c_1, \cdots, c_n$ 为屏幕亮度等级代码,取值阿拉伯数字 $0 \sim 9$,0 级最亮;$h_1 h_1 h_2 h_2, \cdots, h_m h_m h_n h_n$ 为相应等级屏幕亮度时段;$h_1 h_1, \cdots, h_m h_m$ 为相应等级屏幕亮度时段开始时间;$h_2 h_2, \cdots, h_n h_n$ 为相应等级屏幕亮度时段结束时间,采用 24 小时制,精确到小时,取值 2 位阿拉伯数字。多组屏幕亮度时段以半角",隔开,可设定的屏幕亮度等级时段宜在 2 组以上

示例:

短消息屏收到短消息"气翔1020617,51706"后,则设定 06 时到 17 时的屏幕亮度等级为 2,17 时到 06 时的屏幕亮度等级为 5。

A.7.4　校时指令格式:＊＊11yyyymmddhhnnssw,其释义见表 A.15。

表 A.15　校时指令释义

序号	格式	名称	释义
1	＊＊	验证码	由 2 个汉字组成,2 个汉字不宜组成汉语常用词
2	11	功能代码	设定短消息屏时间功能代码
3	yyyymmddhhnnssw	时间	取值阿拉伯数字,yyyy——年,mm——月,dd——日,hh——时,nn——分,ss——秒,w——星期

示例:

短消息屏收到短消息"气翔11201007070707073"后,则设定时间为"2010 年 7 月 7 日 7 时 7 分 7 秒星期三"。

A.7.5　短消息屏初始化指令格式:＊＊12,其释义见表 A.16。

表 A.16　短消息屏初始化指令释义

序号	格式	名称	释义
1	＊＊	验证码	由 2 个汉字组成,2 个汉字不宜组成汉语常用词
2	12	功能代码	恢复短消息屏的配置参数到出厂设置值

示例:

短消息屏收到短消息"气翔12"后,则短消息屏的配置参数恢复到出厂设置值。

参 考 文 献

[1]　GB/T 23828—2009　高速公路 LED 可变信息标志

[2]　GA/T 484—2004　LED 道路交通诱导可变标志

[3]　GA/T 742—2007　车载式道路交通文字信息显示屏

[4]　SJ/T 11281—2007　发光二极管(LED)显示屏测试方法

[5]　SJ/T 11406—2009　体育场馆用 LED 显示屏规范

[6]　TY/T 1001.1—2005　体育场馆设备使用要求及检验方法　第1部分：LED 显示屏

[7]　YD/T 1039.1—2005　900、1800MHz TDMA 数字蜂窝移动通信网短消息中心设备技术要求　第一部分　点对点短消息业务部分

[8]　YD/T 1774—2008　基于用户设置规则的短消息过滤业务技术要求

[9]　YD/T 1775—2008　基于用户设置规则的短消息过滤系统技术要求

[10]　QB—GF—028—2003　中国移动通信互联网短信网关接口协议 CMPP3.0

[11]　郭进修 李泽椿.我国气象灾害的分类与防灾减灾对策.灾害学,2005,12(4):106-110

ICS 07.060

A 47

备案号：39816—2013

中华人民共和国气象行业标准

QX/T 172—2012

Brewer 光谱仪观测臭氧柱总量的方法

Observation method of total column ozone with Brewer spectrophotometer

2012-11-29 发布   2013-03-01 实施

中 国 气 象 局   发 布

前　言

本标准按照 GB/T 1.1—2009 给出的规则起草。

本标准由全国气象防灾减灾标准化技术委员会(SAC/TC 345)提出并归口。

本标准起草单位:中国气象局气象探测中心、中国气象科学研究院、青海省气象局。

本标准主要起草人:张晓春、郑向东、汤洁、赵玉成、刘鹏、靳军莉、赵鹏。

引　言

　　Brewer 光谱仪是世界气象组织推荐使用的臭氧柱总量观测仪器。自 1990 年起，我国开始使用 Brewer 光谱仪进行臭氧柱总量的观测。为规范臭氧柱总量的观测，保证观测数据的质量和可比性，在总结多年观测、维护、管理的经验和科研成果基础上，制定本标准。

Brewer 光谱仪观测臭氧柱总量的方法

1 范围

本标准规定了使用 Brewer 光谱仪进行大气臭氧柱总量观测的场地与工作环境要求、仪器架设及安装、检查与维护、报表填写、注意事项等。

本标准适用于使用 Brewer 光谱仪进行大气臭氧柱总量的观测。使用 Brewer 光谱仪观测紫外 B 光谱可参照执行。

2 规范性引用文件

下列文件对于本文件的应用是必不可少的。凡是注日期的引用文件,仅注日期的版本适用于本文件。凡是不注日期的引用文件,其最新版本(包括所有的修改单)适用于本文件。

GB 2887—1989 计算站场地技术条件

QX/T 48—2007 地面气象观测规范 第 4 部分:天气现象观测

3 术语和定义

下列术语和定义适用于本文件。

3.1

臭氧柱总量 total column ozone

地面上单位面积垂直大气柱内所包含臭氧的总量。

3.2

臭氧垂直廓线 ozone vertical profile

臭氧浓度随高度或气压的变化。

3.3

紫外 B 辐射 ultraviolet radiation band B;UVB

B 波段紫外辐射

波长在 280 nm～315 nm 范围内的辐射。

4 原理、系统构成及技术指标

4.1 原理

Brewer 光谱仪根据臭氧对 UVB 的吸收特性,通过准确地跟踪太阳(或月亮),采用衍射分光技术,测量 UVB 五个波长(306.3 nm、310.0 nm、313.5 nm、316.8 nm、320.0 nm)的光强,基于差分吸收的原理反演大气臭氧柱总量。

4.2 系统构成

Brewer 光谱仪包括分光仪、控制计算机和标校系统。其中,分光仪是核心部件,主要由衍射光谱仪、跟踪器和三角架组成;标校系统主要由标准灯及配套设施组成。

4.3 技术指标

Brewer 光谱仪的技术参数见表1。

表 1 Brewer 光谱仪技术参数

名称		参数
分光仪	波长	306.3 nm、310.0 nm、313.5 nm、316.8 nm、320.0 nm
	汞灯校准波长	303.2 nm
	分辨率	0.6 nm
	稳定度	±0.1 nm
	精度	(0.006±0.002)nm
	测量范围	290 nm～340 nm
	出射狭缝周期	0.2294 s/(缝·周)≈1.6 s/周期
	测量准确度	±1%(对于直接射光)
	运行温度	−20℃～40℃
俯仰跟踪系统	分辨率	±0.13°
	24 小时准确度	±0.25°
	角度范围	0°～270°
水平跟踪系统	分辨率	±0.02°
	24 小时准确度	±0.2°
	最大回转率	3.91°/s
	最大角度偏移	−60°～420°
	最大静转动力矩	14.9 N·m
	运行温度	−20℃～40℃

5 观测场地及室内环境要求

5.1 观测场地

要求如下：

——应选在人为活动干扰较少的地方,远离大气光学特性干扰源；

——仪器架设地点东、南、西三个方向上障碍物的遮挡角应小于5°；

——太阳天顶角低于75°时,对太阳和月亮有良好的视野；

——仪器附近15 m之内应有良好的接地和防雷保护设施,接地电阻应小于4 Ω；

——仪器附近15 m之内应有220 V、不小于2 kVA的交流稳压供电和不间断电源；

——仪器附近15 m之内应有可安装计算机的工作用房。

5.2 室内环境

要求如下：

——应干燥、清洁、整齐,避免阳光直射,温度保持相对稳定；

——应符合 GB 2887—1989 中 4.4、4.5、4.6 的相关要求。

6 仪器架设及软件

6.1 仪器架设

6.1.1 三角架

要求如下:
——应安装在平稳、坚固、水平的仪器架或水泥平台上;
——标记符号"N"一侧对准磁北;
——应有固定措施,以保证仪器在恶劣天气条件下仍保持稳定。

6.1.2 水平跟踪器

要求如下:
——安装在三角架的顶部,跟踪器上标记符号"N"的一侧对准磁北;
——通过调节三角架三个支脚的相对高度,确保水平跟踪器在 360°范围内转动时始终处于水平状态。

6.1.3 光谱仪

要求如下:
——安装在水平跟踪器之上,使光谱仪与水平跟踪器的电源开关在同一侧;
——紧固其底部与水平跟踪器联接的四个螺丝;
——光谱仪在 360°范围内转动时始终处于水平状态;
——周围如有围栏保护时,光谱仪石英窗底部应高于围栏高度。

6.1.4 信号线及电源线

连接要求如下:
——正确连接计算机、光谱仪、水平跟踪器之间的信号线和电源线;
——正确连接光谱仪电源线中的火线、地线和零线;
——仪器机壳通过专用的接地端子良好接地,接地电阻应小于 4 Ω;
——仪器室外电源线、信号线接入室内的计算机前,应有防雷装置。

6.2 软件

6.2.1 功能

要求如下:
——参数设置功能:具备对仪器运行参数、站点地理参数等的设置功能;
——自动观测功能:具备对大气臭氧柱总量、臭氧垂直廓线反演和 UVB 等的观测功能;
——仪器运行状态检测功能:具备对光学、电学、机械等部分的自我检测功能;
——校准功能:具备对 UVB 光谱波长和辐照度绝对值等的校准功能;
——数据管理功能:具备观测、检测和校准数据的采集、存储、处理等功能。

6.2.2 基本参数设置

要求如下:

——观测前应设置观测站点的名称、时间、经度、纬度、海拔高度及年平均气压等；

——观测时制应是国际标准时间；

——经度和纬度数值以度为单位设置，保留小数后三位有效数字，北纬为正，南纬为负，西经为正，东经为负。

7 检查与维护

7.1 标准传递与校准

7.1.1 Brewer 光谱仪标准由一级、二级标准仪器组成。

7.1.2 一级标准仪器由世界气象组织（WMO）确定。

7.1.3 二级传递标准仪器应每两年和一级 Brewer 光谱仪进行比对。

7.1.4 台站日常运行的观测仪器应每年与二级传递标准仪器进行比对和校准。

7.2 性能检测

要求如下：

——每天至少进行一次汞灯、标准灯、A/D 电压输出、光电倍增管、跟踪系统等检测；

——每周至少进行一次直接跟踪太阳的扫描检测、跟踪系统复位检测；

——每两个月至少进行一次光阑马达计时检测、高压检测、光阑马达运行/停止检测、测微尺及二极管偏差检测、热检测等；

——每三个月至少进行一次 50 W 的外部灯校准；每年至少进行一次 1000 W 的外部灯校准。

7.3 检查与维护

7.3.1 日常运行检查

要求如下：

——遮挡情况：仪器进行测量时，应确保测量窗不被任何物体所遮挡；

——跟踪状态：仪器能够准确地跟踪太阳或月亮；

——石英窗和 UVB 罩的清洁程度：应清洁无尘；

——仪器内部的干燥情况：相对湿度在 30% 以下；

——时间：仪器时间与标准时间相差小于 30 s；

——硬盘空间和通信状态：硬盘有足够的数据存储空间（大于 20 M/d），仪器和计算机之间应正常通信；

——仪器参数：各参数具体的变化范围见表 2。

表 2 仪器参数变化范围

编号	名称	代码	范围
1	仪器稳定性检测	SL	R5 的偏差在 0～30,R6 的偏差在 0～15
2	波长校准	Hg	Hgcal Step 是否在设定步长的 ±5 步之内
3	光电倍增管检测	DT	20 ns～40 ns
4	机械系统检测	RS	（对 2～6 的工作波长而言）比值为 0.997～1.003
5	电学系统检测	AP	+5 V（二级电源板），为 4.90 V～5.10 V

7.3.2 维护

要求如下：
——每日上午、下午应对仪器跟踪情况至少进行一次检查，发现跟踪不准确时应调节；
——每日应对石英窗和半球形石英玻璃罩进行清洁，当发现内部有水汽凝结时应清除；
——每两个月应对水平跟踪器内部的保护拉绳、转盘等进行检查，必要时应对转盘进行清洁。
——每三个月应对螺旋测微器进行检查，必要时进行清洁。

8 报表填写

8.1 一般规定

在每天观测工作结束后，应认真、准确、及时地填写观测月报表（式样见附录 A）。

8.2 填写规则

填写规则如下：
——DS(O_3)、DS(SO_2)、ZS(O_3)、ZS(SO_2)、FM(O_3)、FM(SO_2)中的平均及偏差精确到小数后一位；
——DS(O_3)、ZS(O_3)、FM(O_3)中的次数填写到个位，格式为有效次数/总次数；
——DS(O_3)、DS(SO_2)中的 ETC 填写四舍五入后的整数部分；
——HH，为 DS(O_3)有效次数中间一次的测量时间，精确到小时；
——Air Mass 精确到小数后三位；
——UVB 积分、午时精确到小数后两位，其中午时为地方时正午前后一小时之间最大的 UVB 值；
——标准灯检测栏：
   · TEMP：左上角填写标准灯检测中的最低温度值、右下角填写最高温度值；
   · 次数：标准灯检测的次数；
   · R1～R6：填写标准灯检测中 R1～R6 的平均值，其中 R5 及 R6 右下角填写其偏差；
   · F1：填写前四位。
——汞灯强度：汞灯测试中温度最高的强度值取整，当有几个最高温度相同时选取强度最大的值填写；
——(A/D +5 V)精确到小数后两位；
——死时间中的 HI 和 LO：分别填写光电倍增管死时间检测的最高值和最小值，精确到小数后两位；
——RUN/STOP 最小及最大：填写的 2～6 的最小值和最大值，精确到小数后四位；
——MIC 步数：填写螺旋千分尺检测的步数值；
——SI 俯仰及方位：填写 SI 指令的检测结果，即俯仰及方位补偿的偏差值；
——SR：填写 SR 指令的检测结果，即跟踪器转动一周时步进电机的步长数；
——仪器内部湿度巡视值：30% 以下则填写"√"，超过 30% 则填写"×"；
——天气状况：填写当日的天气现象，应符合 QX/T 48—2007 的要求。

9 注意事项

有关注意事项如下：

——严格执行日常检查程序；

——计算机在进行数据拷贝或进行 Hg、FR、SL、UM 或 UV 测量时，不应中断运行程序，应等这些测量结束后再中断运行程序；

——当长时间（大于 24 小时）停电时，需将仪器内部的电池开关拨到 OFF 状态，来电后，再拨回原来 ON 的位置；

——在观测站点有雷暴天气出现时，应中断仪器工作，关闭并断开仪器电源；

——在观测站点有雨、雪、大风、冰雹、雾、沙尘暴等天气现象出现时，严禁打开光谱仪外盖；

——水平跟踪器内部转盘不应使用润滑油进行润滑；

——清洁石英窗和半球形石英玻璃罩时，应使用柔软的专用镜头纸（或鹿皮），注意不要划伤；

——确保水平跟踪器的保护开关处在"开"的位置，且内部保护拉绳没有断裂；

——更换标准灯或汞灯时，严禁用手直接触摸灯泡；

——密切注意每天的日常检测以及各参数的变化，任何异常的结果持续一周都应引起重视；

——在运输光谱仪的光学部分时，应放入具有缓冲、减/防震、防潮等措施的专用箱内，随身携带，不可按行李托运；搬运时应避免碰撞和震动，轻拿轻放；

——在运输跟踪器、三角架、通信线缆、仪器控制计算机及接口设备时，应放置在专用的箱体中，箱体的四周应有减/防震和防潮措施。

附　录　A
（规范性附录）
Brewer 臭氧总量观测月报表表样

Brewer 臭氧总量观测月报表式样如下：

站名：＿＿＿＿　　仪器序列号：＿＿＿＿　　年：＿＿＿＿　　月：＿＿＿＿

日期	DS(O₃) 平均	DS(O₃) 偏差	DS(O₃) 次数	DS(O₃) ETC	HH	大气质量	DS(SO₂) 平均	DS(SO₂) 偏差	DS(SO₂) ETC	UVB 积分	UVB 午时	ZS(O₃) 平均	ZS(O₃) 偏差	ZS(O₃) 次数	DS(SO₂) 平均	FM(O₃) 平均	FM(O₃) 偏差	FM(O₃) 次数	FM(O₃) ETC	ZS(SO₂) 平均	ZS(SO₂) 偏差	ZS(SO₂) 温度	ZS(SO₂) 次数	标准灯检测 R1	R2	R3	R4	R5	R6	F1	汞灯检测 强度	A/D检测 +5V	死时间检测 HI	死时间检测 LO	RUN/STOP 最小	RUN/STOP 最大	MIC 步数	SI检测 俯仰	SI检测 方位	SR	天气状况
1																																									
2																																									
3																																									
4																																									
5																																									
6																																									
7																																									
…																																									
31																																									

备注：

参 考 文 献

[1] GB 50174—2008 电子信息系统机房设计规范

[2] 《大气科学辞典》编委会.大气科学辞典.北京:气象出版社,1994

[3] 全国科学技术名词审定委员会.大气科学名词(第三版).北京:科学出版社,2009

[4] 王炳忠.太阳辐射能的观测与标准.北京:科学出版社,1993

[5] 王庚辰.中国生态系统研究网络观测与分析标准方法:气象和大气环境要素观测与分析.北京:中国标准出版社,2000

[6] 中国气象局.气象辐射观测方法.北京:气象出版社,1996

[7] 中国气象局天气司.BREWER 观测规范.1996

[8] 朱炳海,王鹏飞,束家鑫.气象学词典.上海:上海辞书出版社,1985

[9] World Meteorological Organization. Global Atmosphere Watch(GAW) Strategic Plan:2008－2015. 2008

[10] World Meteorological Organization. Guide to Meteorological Instrument and Methods of Observation. 2008

ICS 07.060

A 47

备案号：39817—2013

中华人民共和国气象行业标准

QX/T 173—2012

GRIMM 180 测量 PM$_{10}$、PM$_{2.5}$ 和 PM$_1$ 的方法

Monitoring method of PM$_{10}$ / PM$_{2.5}$ / PM$_1$ with GRIMM 180

2012-11-29 发布   2013-03-01 实施

中 国 气 象 局 发布

前　言

本标准按照 GB/T 1.1—2009 给出的规则起草。

本标准由全国气象防灾减灾标准化技术委员会(SAC/TC 345)提出并归口。

本标准起草单位:中国气象局气象探测中心、中国气象科学研究院。

本标准主要起草人:张晓春、赵鹏、靳军莉、孙俊英、张小曳。

引　言

　　颗粒物是大气中的主要污染物之一,也是引起环境、气候变化的重要因素。当前,大气颗粒物的观测已成为环境、气候和健康等领域的重要内容。大气中颗粒物粒径的变化范围较大,不同粒径的颗粒物对环境、气候和健康所产生的影响也各不相同。

　　为规范 GRIMM 180 测量 PM_{10}、$PM_{2.5}$ 和 PM_1 质量浓度的在线观测,特制定本标准。

GRIMM 180 测量 PM_{10}、$PM_{2.5}$ 和 PM_1 的方法

1 范围

本标准规定了 GRIMM 180 测量 PM_{10}、$PM_{2.5}$ 和 PM_1 质量浓度的技术指标、安装要求、维护与检测、校准以及数据记录和处理等。

本标准适用于 GRIMM 180 对 PM_{10}、$PM_{2.5}$ 和 PM_1 质量浓度的观测、资料分析和应用。

2 规范性引用文件

下列文件对于本文件的应用是必不可少的。凡是注日期的引用文件,仅注日期的版本适用于本文件。凡是不注日期的引用文件,其最新版本(包括所有的修改单)适用于本文件。

GB 2887—1989 计算站场地技术条件

3 术语和定义

下列术语和定义适用于本文件。

3.1

大气气溶胶粒子 atmospheric aerosol particle

大气颗粒物 atmospheric particle

悬浮在大气中的固体和液体颗粒。

3.2

空气动力学等效直径 aerodynamic equivalent diameter

与所表征的粒子具有相同的运动速度,单位密度($1\ g/cm^3$)球形粒子的直径。

3.3

PM_{10} particulate matter less than 10 microns

空气动力学等效直径小于或等于 $10\ \mu m$ 的粒子。

3.4

$PM_{2.5}$ particulate matter less than 2.5 microns

空气动力学等效直径小于或等于 $2.5\ \mu m$ 的粒子。

3.5

PM_1 particulate matter less than 1 microns

空气动力学等效直径小于或等于 $1\ \mu m$ 的粒子。

3.6

光散射 light scattering

光束通过不均匀媒质时,部分光束将偏离原来方向而分散传播,从侧向也可以看到光的现象。

3.7

颗粒物质量浓度 particle mass concentration

单位体积空气中颗粒物的质量。

注:常用单位为克每立方米($g \cdot m^{-3}$)、毫克每立方米($mg \cdot m^{-3}$)、微克每立方米($\mu g \cdot m^{-3}$)。

3.8

颗粒物数浓度 particle number concentration

单位体积空气中颗粒物的个数。

注：常用单位为个每立方米、个每立方厘米。

4 工作原理、系统构成及技术指标

4.1 工作原理

激光照射在颗粒物上发生散射，经反射镜聚焦后，由在同一水平面上与激光照射方向成一定角度的检测器接收散射光脉冲信号。根据脉冲信号的数量和强弱，测量颗粒物数浓度和粒径大小，再通过计算得到 PM_{10}、$PM_{2.5}$ 和 PM_1 的质量浓度。颗粒物质量浓度的计算方法参见附录 A。

4.2 系统构成

GRIMM 180 测量系统主要由采样管和仪器主机构成。其中，采样管由切割头、温度/湿度传感器、延长管和除湿管等构成；主机由光源及控制电路模块、测量腔室模块、光电信号检测及转换电路模块、中央处理及控制电路模块、数模转换模块、输入输出和存储模块、气路系统等构成。

4.3 技术指标

测量系统技术指标见表1。

表 1 测量系统技术指标

名称	指标
测量浓度范围	0 $\mu g/m^3$～1500 $\mu g/m^3$（PM_{10} 测量时）
质量浓度精度	±5%
最小检测粒径	≤0.25 μm
粒径分级	>30 级
输出要素	PM_{10}、$PM_{2.5}$ 和 PM_1 质量浓度以及数浓度
线性误差	≤3%
流量稳定性	≤5%
最小时间分辨率	10 s
除湿技术	除湿渗透膜
温度测量精度	0.5 ℃
相对湿度测量精度	5%
采样管材质	不锈钢
报警能力	流量、浓度等超出设定范围时发出报警

5 安装要求

5.1 室内环境

要求如下：
——应干燥、清洁、整齐，避免震动、强电磁环境、阳光直射和较大的气流波动；
——具有防雷设施，接地电阻应小于 4 Ω；
——温度应保持相对稳定，符合 GB 2887—1989 中 4.4、4.5、4.6 的相关要求；
——供电电源的电压波动小于 2%，超过时应配备稳压电源和不间断电源。

5.2 室外环境

要求如下：
——采样口天顶方向净空角应大于 120°；
——采样口周围水平面应保证 270°以上的自由气流空间。

5.3 主机

要求如下：
——水平置于工作台或仪器机架上，工作台面或仪器机架的面积至少应为 483 mm× 400 mm；
——为主机配备的升降平台面积应大于 140 mm×220 mm，承载重量应大于 25 kg，升降平台行程应大于采样管插入主机部分的长度。

5.4 采样管

要求如下：
——与主机进气口垂直相连，进气口处至少高出采样平台 1.5 m，与主机进气口的最长管路不应大于 4 m；
——进气口处应安装防雨帽和防虫网；
——在采样管室内部分应安装防漏水装置；
——用于安装温湿传感器的防辐射罩顶部距采样管进气口处的垂直距离为 40 cm～60 cm；
——海拔高度大于 3200 m 时，根据需要加装限流装置。

6 维护与检测

6.1 日常检查

要求如下：
——每日至少查看一次观测系统的软、硬件运行状况，发现异常时应及时采取有效措施并记录（日常检查记录的式样见附录 B）；
——当仪器显示时间与世界标准时间相差超过 1 min 时，应及时调整为世界标准时间；
——当 PM_{10} 质量浓度显示数据出现异常时，应及时查找原因并记录。

6.2 定期维护

6.2.1 常规定期维护要求如下：
——至少每三个月应对采样管、进气口防雨罩、过滤网等进行一次清洁；

——至少每六个月应对系统的气路、测量腔室、采样泵等进行一次专项检查和清洁维护；

——至少每六个月应对内部过滤器进行一次检查和更换；

——至少每十二个月应对除湿管路进行一次检查和维护。

6.2.2 定期维护的周期依据当地大气污染水平确定。

6.2.3 在沙尘暴、烟幕、扬沙、浮尘、霾等重大天气过程结束后应及时对仪器进行一次维护。

6.3 性能检测

6.3.1 常规性能检测要求如下：

——每三个月应在采样管的进气口处使用粒子过滤膜(孔径小于 $0.5~\mu m$)对仪器进行一次颗粒物数浓度检测，一般情况下，每立方厘米粒子个数应小于10；

——每三个月应使用流量计或标准流量计(准确度为±1％)对系统的流量进行一次检测或校准；

——每三个月应使用压力测试设备(误差为±50 hPa)对系统气路进行漏气检测；

——每十二个月应使用温度计(准确度为±0.3 ℃)和相对湿度计(准确度小于5％)对仪器的温度、湿度传感器进行校准；

——每十二个月应与传递标准仪器进行校准。

6.3.2 在对仪器采样泵、采样管等机械部件进行清洁或更换后，应对系统进行性能检测并记录结果。

7 校准方法

7.1 一般原则

要求如下：

——仪器连续运行十二个月时，应与传递标准仪器(国家级)进行校准；

——传递校准仪器每两年至三年应与高一级的标准仪器进行校准；

——在每校准十台被标仪器后，应对传递标准仪器的内部气路、测量腔室等部件进行清洁；

——仪器内部光源及控制电路模块、测量腔室模块、光电信号检测及转换电路模块、中央处理及控制电路模块、数模转换模块等更换或调整后，应与传递标准仪器进行校准。

7.2 方法

7.2.1 校准前准备

要求如下：

——进行系统清洁和维护，确保仪器管路、测量腔室等部件清洁；

——进行流量检测，检测结果达不到规定要求时应进行调节和校准；

——进行粒子过滤膜检测，检测结果达不到规定要求时应进行检查和调整；

——进行漏气检测，检测结果达不到规定要求时应进行检查和调整；

——按仪器校准技术规程连接好待标仪器、传递标准仪器以及计算机控制系统，并统一调至世界标准时间。

7.2.2 预校准

要求如下：

——启动预校准程度，运行被标仪器、传递标准仪器以及控制系统，检查和记录各仪器的工作状态；

——检查和统计传递标准仪器与被标仪器间测量结果，当二者测量结果偏差大于10％时，应进行校准。

7.2.3 校准

7.2.3.1 与传递标准仪器进行比对测量,根据测量结果,调整被标仪器的相关参数使其与传递标准仪器测量结果的偏差小于10%;当测量结果间的偏差大于10%时,应检查系统的光学、气路等部件,并再次进行校准。

7.2.3.2 对校准数据进行存储、核查和处理,如实记录校准过程中的相关信息。

7.2.3.3 编写校准报告。

8 数据记录和处理

8.1 数据记录

8.1.1 基本原则

8.1.1.1 应至少每5分钟形成一条颗粒物质量浓度和颗粒物数浓度数据记录。

8.1.1.2 记录缺测时应记为"−999.9"。

8.1.2 颗粒物质量浓度

每条原始观测数据记录应至少包含时间、仪器状态代码、环境温度、环境湿度、PM_{10}质量浓度、$PM_{2.5}$质量浓度、PM_1质量浓度等要素。

8.1.3 颗粒物数浓度

每条原始观测数据记录应至少包含时间、仪器状态代码、环境温度、环境湿度、各通道颗粒物数浓度等要素。

8.1.4 仪器信息

每日应至少获取一条能够反映仪器状况和性能的相关信息记录,包括流量、采样泵负荷率、光源特性参数等。

8.2 数据处理

8.2.1 数据异常值处理

8.2.1.1 对所获取到的各类数据进行甄别,对明显异常或超出允许变化范围的数值进行标记。

8.2.1.2 颗粒物质量浓度、颗粒物数浓度数据变化应在当地正常变化范围内。

8.2.1.3 仪器信息数据应在仪器技术手册规定的正常变化范围内。

8.2.2 均值与有效性

8.2.2.1 标记和剔除异常值后,可进行均值统计。

8.2.2.2 均值采用算术平均值方法进行统计。均值数据中应至少包含时间、均值、数据个数、标准偏差、最大值和最小值等数据。

8.2.2.3 每小时至少有45分钟的观测数据时,则该小时平均值有效。

8.2.2.4 每日至少有18个有效小时平均值时,则该日平均值有效。

8.2.2.5 每月至少有23个有效日平均值时,则该月平均值有效。

8.2.2.6 每年有12个有效月平均值时,则该年平均值有效。

附　录　A

（资料性附录）

颗粒物质量浓度的计算方法

A.1　设粒子为球形，则其质量浓度的一般计算方法为：

$$M_n = \sum_{i=1}^{n} \frac{4}{3} \times \pi \times \overline{R_i^3} \times \overline{\rho_i} \times N_i \qquad \cdots\cdots\cdots\cdots\cdots\cdots\cdots\cdots\cdots (A.1)$$

式中：

M_n ——n 级粒子的质量浓度；

n 　——颗粒物粒径的总级数；

i 　——颗粒物的粒径级数；

$\overline{R_i}$ ——第 i 级粒径范围内球形粒子的平均半径；

$\overline{\rho_i}$ ——第 i 级粒径范围内粒子的平均密度；

N_i ——第 i 级粒径范围内粒子的个数。

A.2　球形粒子的直径与空气动力学等效直径之间的关系为：

$$d_a = d_p \left(\frac{\rho_p}{\rho_0} \right)^{\frac{1}{2}} \qquad \cdots\cdots\cdots\cdots\cdots\cdots\cdots\cdots\cdots (A.2)$$

式中：

d_a ——粒子的空气动力学直径；

d_p ——粒子的直径；

ρ_p ——粒子的密度；

ρ_0 ——标准密度，$\rho_0 = 1000 \text{ kg/m}^3$。

附　录　B
（规范性附录）

PM₁₀、PM₂.₅和PM₁质量浓度观测日常检查记录表表

图 B.1 给出了 PM₁₀、PM₂.₅和 PM₁ 质量浓度观测日常检查记录表的式样。

站名：＿＿＿＿　站号：＿＿＿＿　仪器型号：＿＿＿＿　仪器序列号：＿＿＿＿　年＿月＿日 至 年＿月＿日

日期	标准时间	仪器时间	PM₁₀观测值	PM₂.₅观测值	PM₁观测值	空气温度	温度观测值	空气湿度	湿度观测值	采样泵状态	除湿泵状态	清洁与维护	检漏	流量检测值	粒子过滤膜检测值	备注	观测员

审核人：　　　　　　　　　　审核日期：

图 B.1　PM₁₀、PM₂.₅和 PM₁ 质量浓度观测日常检查记录表式样

参 考 文 献

[1]　GB 50174—2008　电子信息系统机房设计规范

[2]　HJ/T 193—2005　环境空气质量自动监测技术规范

[3]　《大气科学辞典》编委会.大气科学辞典.北京：气象出版社,1994

[4]　全国科学技术名词审定委员会.大气科学名词(第三版).北京：科学出版社,2009

[5]　朱炳海,王鹏飞,束家鑫.气象学词典.上海：上海辞书出版社,1985

[6]　World Meteorological Organization. Global Atmosphere Watch(GAW) Strategic Plan：2008
—2015.2008

[7]　World Meteorological Organization. Guide to Meteorological Instrument and Methods of Observation. 2008

[8]　Paul A Baron, Klaus Willeke. *Aerosol Measurement Principles*, *Techniques*, *and Application*. 2nd ed. ISBN 0-471-78492-3,Copyright@2001,2005 by John Wiley & Sons,Inc

ICS 07.060

A 47

备案号：39818—2013

中华人民共和国气象行业标准

QX/T 174—2012

大气成分站选址要求

Site selection for atmospheric composition monitoring stations

2012-11-29 发布

2013-03-01 实施

中 国 气 象 局 发布

前　言

本标准按照 GB/T 1.1—2009 给出的规则起草。

本标准由全国气象防灾减灾标准化技术委员会(SAC/TC 345)提出并归口。

本标准起草单位:中国气象局气象探测中心、中国气象科学研究院、安徽省气象局。

本标准主要起草人:张晓春、周凌晞、徐晓斌、孙俊英、张小曳、石春娥、张苏、靳军莉、赵鹏。

引　言

为满足我国不同区域开展温室气体、气溶胶、反应性气体等主要大气成分及相关特性观测的需求，以保证获取的观测资料具有可比性和代表性，参照国内外有关大气成分观测对站址的要求、标准和规范，制定本标准。

大气成分站选址要求

1 范围

本标准规定了大气成分站址选择的条件和方法。

本标准适用于进行大气成分的长期、连续观测的站址的选择。

2 规范性引用文件

下列文件对于本文件的应用是必不可少的。凡是注日期的引用文件,仅注日期的版本适用于本文件。凡是不注日期的引用文件,其最新版本(包括所有的修改单)适用于本文件。

GB 8702—1988 电磁辐射防护规定

3 术语和定义

下列术语和定义适用于本文件。

3.1
大气成分 atmospheric composition

组成大气的各种物质,包括气体和微粒等。

注:主要指温室气体、气溶胶、反应性气体等。

3.2
大气本底 atmosphere background

全球或区域尺度范围内大气组成及相关特性的平均状态。

3.3
大气成分站 atmospheric composition monitoring station

观测大气成分及其相关特性变化的观测站。

3.4
全球大气本底站 global atmosphere background monitoring station

长期观测大气成分及其相关特性、反映全球尺度大气本底变化特征的观测站。

3.5
区域大气本底站 regional atmosphere background monitoring station

长期观测大气成分及其相关特性、反映区域尺度本底变化特征的观测站。

3.6
环境气象站 environmental meteorology observation station

观测大气环境和气象要素及其相互作用的观测站。

4 站点分类

4.1 原则

根据观测站所代表的大气环境范围以及所具备的观测功能,分为全球大气本底站、区域大气本底站、大气成分站和环境气象站。

4.2 全球大气本底站

开展全球大气本底观测业务的台站。其代表范围一般为以台站为中心,以几百千米至上千千米为半径的区域。

4.3 区域大气本底站

开展区域大气本底观测业务的台站。其代表范围一般为以台站为中心,以几十千米至几百千米为半径的区域。

4.4 大气成分站

开展大气成分观测业务的台站。其代表范围一般为以台站为中心,以几千米至几十千米为半径的区域。通常根据国家气象行业的业务、服务和科研等需求而设立。

4.5 环境气象站

开展环境气象观测的台站。其代表范围一般以台站为中心,以几千米为半径的区域。通常根据地方气象业务、服务或科研等需求而设立。

5 选址条件

5.1 地理环境

5.1.1 一般条件

5.1.1.1 应避开地震、活火山、泥石流、山体滑坡、洪涝等自然灾害多发或频发地区;

5.1.1.2 应避开陡坡、洼地等地区。

5.1.2 全球大气本底站

5.1.2.1 应选在具有全球尺度代表性的地区。

5.1.2.2 应选在周围 30 km~50 km 范围内人为活动稀少、四周开阔、气流通畅的地区。

注:在主导和次主导风向上取较大值,在非主导风向上取较小值。

5.1.3 区域大气本底站

5.1.3.1 应选在具有较大区域尺度代表性的地区。

5.1.3.2 应选在周围 30 km 范围内人为活动相对较少、四周相对开阔、气流通畅的地区。

5.1.4 大气成分站

5.1.4.1 应选在具有局地代表性的地区。

5.1.4.2 应选在人类活动对区域环境或气候影响有一定指示意义的地区,以在当地具有一定相对高度(30 m~50 m 或更高)的地点为佳。

5.1.4.3 应选在周围 50 m 范围内相对开阔、气流通畅的地区。

5.1.5 环境气象站

应选在对特定环境气象要素有一定指示意义的地区。

5.2 污染气象条件

5.2.1 一般条件

5.2.1.1 应选在当地主要污染源所在主导风向的上风或侧风方向。

5.2.1.2 应避开燃烧、交通以及工、农业生产等局地污染源和其他人类污染活动。

5.2.2 全球大气本底站

在 30 km～50 km 范围内不应有对全球尺度大气本底状态有影响的持续性的固定污染源。

注：在主导和次主导风向上取较大值，在非主导风向上取较小值。

5.2.3 区域大气本底站

在 30 km 范围内不应有对区域尺度大气本底状态有影响的持续性的固定污染源。

5.2.4 大气成分站

在 50 m 范围内不宜有持续性的固定污染源。

5.3 净空条件

5.3.1 全球和区域大气本底站四周 360°范围内障碍物的遮挡仰角不宜超过 5°。

5.3.2 大气成分站、环境气象站四周至少 270°范围内障碍物的遮挡仰角不宜超过 5°。

5.3.3 观测站仪器采样口的架设应符合以下条件：

——天顶方向净空角应大于 120°，周围水平面应保证 270°以上的自由气流空间；

——当一边靠近建筑物时，采样口距支撑墙体或建筑物的水平距离应大于 1.5 m，周围水平面应有 180°以上的自由气流空间；

——距附近最高障碍物之间的水平距离，应至少为该障碍物与采样口高度差的 2 倍以上；

——距附近最近树木的水平距离应大于 10 m；

——根据交通车辆流量和观测的大气成分类别的不同，采样口距交通道路边缘间的最小距离要求见表 1。

表 1　采样口与交通道路之间的最小距离

道路日平均机动车流量（日平均车辆数）	最小距离（m）	
	颗粒物观测	SO_2、NO_2、CO 和 O_3 观测
≤3000	25	10
3000～6000	30	20
6000～15000	45	30
15000～40000	80	60
＞40000	150	100

5.4 电磁环境

站址周围电磁辐射应符合 GB 8702—1988 中第 2 章的有关规定。

5.5 下垫面条件

5.5.1 一般条件

应避开当地近期和中期规划拟建项目对站址环境可能产生影响的地区。

5.5.2 全球大气本底站

全球大气本底站及周边,在主导风向上 50 km 范围、非主导风向上 30 km 范围内,土地利用方式等应长期保持稳定。

5.5.3 区域大气本底站

区域大气本底站及周边 30 km 范围内,土地利用方式等应长期保持稳定。

5.5.4 大气成分站

大气成分站及周边 50 m 范围内,土地利用方式等在 5 年～10 年内不应有显著的变化。

6 选址方法

6.1 初选

对拟选站址所在区域的行政区规划、人口分布、地形、发展规划等情况进行初步调查和评价,对可能建立大气成分站的地区进行图上选址,在区域中选择 2～3 个拟选站址。必要时应进行现场勘察,特殊情况下,可以只对指定的站址进行初步调查和评价。

6.2 详细调查

6.2.1 生态与环境条件

调查拟选站点所代表范围内的有关地区生态与环境条件(如主要植被类型、高度、覆盖率、生长周期等)的基本情况,以及收集近 5 年的地质、土壤、水文和气象等相关数据。

6.2.2 土地规划和区域开发情况

了解当地土地利用现状、中长期规划等。

6.2.3 污染源

主要包括:
——全球和区域大气本底站应调查拟选站周边 50 km 范围内的大气污染源、周边 10 km 范围内居民点和小作坊的基本情况。若拟选站址处于农业耕作地区,则还应了解农事活动,如施肥、农药喷洒和秸秆焚烧等可能造成局地污染的规律及分布。
——大气成分站应调查拟选站周边 100 m～200 m 范围内大气污染源的状况。

6.2.4 污染气象条件

主要包括:
——拟建全球和区域大气本底站,应收集拟选站最近 5 年～10 年的地面风向、风速和污染系数资料。

——拟建大气成分站,应收集拟选站最近 3 年~5 年的地面风向、风速和污染系数资料。

——如当地或附近无可供使用或参考的气象资料,应利用后向轨迹模式计算拟选站址在不同季节内的气团来向和频率;也可在拟选站址设立地面风向、风速等基本气象要素观测,以获取至少为期一年的地面气象观测资料。

6.2.5 基础设施条件

应调查拟选站的供电、供水、防雷、道路、交通、通信等状况。

6.3 可行性观测试验和评估

6.3.1 对拟建全球和区域大气本底站,应对详细调查的相关资料进行综合分析,在确定为意向性站址后,应开展为期至少一年的可行性观测试验和评估。

6.3.2 对拟建的大气成分站、环境气象站,应对详细调查的相关资料进行综合分析,在确定为意向性站址后,根据需要进行可行性观测试验和评估。

6.4 站址确定

在详细调查或可行性观测试验和评估的基础上,根据拟选站址的自然条件、社会与经济条件,从技术、安全、环境和经济等各方面进行客观、综合的评价和分析,将具有较好代表性、可行性的意向性站址作为候选站址。

参 考 文 献

[1] GB/T 20479—2006 沙尘暴天气监测规范

[2] HJ2.2—2008(代替 HJ/T2.2—1993) 环境影响评价技术导则 大气环境

[3] QX/T 100—2009 新一代天气雷达选址规定

[4] 国家环保总局公告.环境空气质量监测规范(试行).2007 年第 4 号

[5] Australian/New Zealand Standard?, AS/NZS 3580.1.1. Methods for sampling and analysis of ambient air, Part 1.1: Guide to siting air monitoring equipment. 2007

[6] EPA. U. S. Code of Federal Regulations, Title 40, Volume 5, Part 58, Appendix D(Network Design Criteria for Ambient Air Quality Monitoring) and Appendix E (Probe and Monitoring Path Siting Criteria), Revised July 1, 2009

[7] EAR, Site Selection SOP 126, IMPROVE Standard Operating Procedures. 1996

[8] WMO/TD No. 1250. Initial Guidance to Obtain Representative Meteorological Observations at Urban Sites, Instruments and Observing Methods Report No. 81, 2006

[9] Environment Canada, Environment Protection Service, Environmental Technology Advancement Directorate, Pollution Measurement Division, Environmental Technology Centre, Ottawa, Ontario. Report No. AAQD 2004-1 (Originally published as Report No. PMD 95-8, December 1995). National Air Pollution Surveillance Network Quality Assurance and Quality Control Guidelines

[10] United States Environmental Protection Agency. Office of Air Quality Planning and Standards, Emissions, Monitoring, and Analysis Division, Research Triangle Park, NC 27711, EPA-454/R-98-002, GUIDELINE ON OZONE MONITORING SITE SELECTION. August, 1998

[11] WMO. International Operations Handbook for Measurement of Background Pollution, NO. 491

[12] Ministry for the Environment. Good Practice Guide for Air Quality Monitoring and Data Management 2009. Wellington: Ministry for the Environment. 2009

ICS 07.060

A 47

备案号：39819—2013

中华人民共和国气象行业标准

QX/T 175—2012

风云二号静止气象卫星 S-VISSR
数据接收系统

S-VISSR data receiving system of FY-2 geostationary meteorological satellites

2012-11-29 发布

2013-03-01 实施

中国气象局 发布

前　　言

本标准按照 GB/T 1.1—2009 给出的规则起草。

本标准由全国卫星气象与空间天气标准化技术委员会(SAC/TC 347)提出并归口。

本标准起草单位:国家卫星气象中心。

本标准主要起草人:贾树波、龙向荣。

风云二号静止气象卫星 S-VISSR 数据接收系统

1 范围

本标准规定了风云二号静止气象卫星 S-VISSR 数据接收系统的组成、技术要求、试验方法、检验规则、标志、包装、运输、贮存和产品成套性。

本标准适用于风云二号静止气象卫星 S-VISSR 数据接收系统的设计集成、安装调试、检验和运行维护。

2 规范性引用文件

下列文件对于本文件的应用是必不可少的。凡是注日期的引用文件，仅注日期的版本适用于本文件。凡是不注日期的引用文件，其最新版本（包括所有的修改单）适用于本文件。

GB 8898　音频、视频及类似电子设备 安全要求

GB/T 11298.1—1997　卫星电视地球站测量方法　第一部分：系统测量

GB/T 11298.2—1997　卫星电视地球站测量方法　第二部分：天线测量

GB/T 11298.3—1997　卫星电视地球站测量方法　第三部分：室外单元测量

GB/T 11298.4—1997　卫星电视地球站测量方法　第四部分：室内单元测量

GB/T 11442—1995　卫星电视地球接收站通用技术条件

SJ/T 10649—1995　Ku 波段卫星电视地球接收站天线通用技术条件

3 术语和定义

下列术语和定义适用于本文件。

3.1

展宽数据　stretched VISSR data;S-VISSR

将风云二号静止气象卫星携带的扫描辐射计（VISSR）所获取的 14 Mbit/s 原始图像数据，经数据处理，使传递时间展宽，降低码速率至 0.66 Mbit/s 的、数据流中加入定标、定位等信息的、并通过卫星实时向用户转发的、用户可利用的卫星图像数据。

4 系统组成

风云二号静止气象卫星 S-VISSR 数据接收系统由天线、高频分机、解调器、数据摄入器和接收存储计算机组成。系统组成框图见图 1。

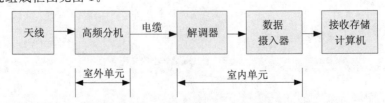

图 1　风云二号静止气象卫星 S-VISSR 数据接收系统组成框图

5 技术要求

5.1 接收系统

5.1.1 一般要求

5.1.1.1 外观、结构和工艺

外观、结构和工艺应符合下列要求：

a) 设备外观应整洁、无损伤和变形，表面涂层不应有明显脱漆和锈蚀现象；

b) 开关、按键的操作应灵活可靠，零部件应紧固无松动；

c) 产品的标识和字符应正确、牢固、含义表达清晰；

d) 设备应具有接地连接点。

5.1.1.2 室外和室内单元

室外单元应能在下列条件下工作：

a) 环境温度：−30 ℃～55 ℃；

b) 相对湿度：5%～95%；

c) 气压：86 kPa～106 kPa。

室内单元应能在下列条件下工作：

a) 环境温度：5 ℃～40 ℃；

b) 相对湿度：45%～75%；

c) 气压：86 kPa～106 kPa；

d) 电源：电压(220±22)V，频率(50±2)Hz。

5.1.1.3 电缆连接

电缆连接应满足下列条件：

a) 阻抗：50 Ω；

b) 损耗：不大于 25 dB；

c) 长度：同轴电缆不大于 100 m；长度大于 100 m 时，应采取中继增强或其他措施。

5.1.2 电性能要求

接收系统电性能要求见表1。

表 1　接收系统电性能要求

序号	技术参数	单位	要求	备注
1	接收频段	GHz	1.67~1.71	—
2	品质因数(G/T)	dB/K	≥7.8	天线仰角10°，LNB的噪声系数0.8 dB时 $(G/T)\geqslant(G_0/T)+20\lg\left[f(\text{GHz})/1.7\right]$
3	解调方式	—	BPSK	把模拟信号转换成数据值的一种转换方式
4	解调码速率	Mbit/s	0.66	—
5	误码率	—	≤1.0×10^{-6}	—

注:LNB:Low Noise Block,低噪声下变频器;f:frequency,频率;G:Gain,天线接收增益;T:Temperature,天线噪声温度;G_0:特定频率下的增益值。

5.1.3　电磁兼容

电磁兼容应满足:

a)　室外单元电磁兼容应符合 GB/T 11442—1995 中的 4.3.3 的要求。
　　一本振泄漏电平:不大于−50 dBm。

b)　室内单元电磁兼容应符合 GB/T 11442—1995 中的 4.4.3 a) 的要求。
　　二本振泄漏电平:不大于−65 dBm(500 MHz 带宽内)。

5.1.4　安全性

应按 GB 8898 的安全要求进行。

5.1.5　环境适应性

天线、室外单元、室内单元应满足下列要求以适应环境:

a)　天线的环境适应性应遵循 SJ/T 10649—1995 中 4.3 的原则;

b)　室外单元环境适应性按 GB/T 11442—1995 中的 4.3.4 的要求;

c)　室内单元环境适应性按 GB/T 11442—1995 中的 4.4.5 的要求。

5.1.6　可靠性

室外、室内单元的可靠性应满足如下条件:

a)　室外单元可靠性符合 GB/T 11442—1995 中的 4.3.5 的要求,平均故障间隔时间(MTBF)的下限值 θ_1 不小于 7000 h。

b)　室内单元可靠性符合 GB/T 11442—1995 中的 4.4.6 的要求,MTBF 的下限值 θ_1 不小于 5000 h。

5.2　天线

5.2.1　一般要求

5.2.1.1　工作条件

天线应能在以下条件下正常工作:

a)　抗风能力:10级风正常工作,11级风降精度工作,12级风不被破坏(用拉纤等方式锁定)。

b) 环境温度: −30℃～55℃;

c) 相对湿度: 5%～95%;

d) 气压: 86 kPa～106 kPa。

5.2.1.2 极化方式

射频极化采用线极化(LP),极化角度可调。

5.2.1.3 天线指向可调范围

仰角: 5°～85°;

方位角: ±90°。

5.2.1.4 拼装标识

馈源极化角应有明显标识,组成天线的各部件应有相互对应的拼装标识。

5.2.1.5 结构

具备可加固高频分机的配套装置。

5.2.1.6 馈源输出连接

馈源输出端口: N-50KF 连接头。

5.2.2 电性能要求

天线电性能要求见表 2。

表 2 天线电性能要求

序号	技术参数	单位	要求	备注
1	天线口径	m	≥2.4	—
2	接收频段	GHz	1.67～1.71	—
3	第一旁瓣电平	dB	≤ −14	—
4	品质因数(G/T)	dB/K	≥7.8	天线仰角 20°,LNB 噪声系数 0.8 dB 时 $(G/T) \geqslant (G_0/T) + 20\lg [f(\text{GHz})/1.7]$
注:字母解释同表 1 注。				

5.3 高频分机

5.3.1 一般要求

5.3.1.1 连接方式

输入端口: N-50JF 连接头;

输出端口: N-50KF 连接头。

5.3.1.2 供电方式

从输出端口馈电,芯线为电源正极,外壳为地线。电压 +12 V ～+15 V,电流不大于 200 mA。

5.3.1.3 接口标识

输入口:RF INPUT;

输出口:IF OUTPUT。

5.3.1.4 结构要求

有固定孔和加固装置,与天线固定相匹配。

5.3.2 电性能要求

电性能要求见表3。

表 3　高频分机电性能要求

序号	技术参数	单位	技术指标	备注
1	工作频段	GHz	1.67~1.71	—
2	振幅/频率特性	dB	≤±1	—
3	增益	dB	≥68	根据驱动距离和后端设备的动态要求而定
4	噪声系数	dB	≤0.8	
5	输入饱和电平	dBm	≥−60	1 dB压缩点时输入电平
6	本振频率稳定度	a	≤±3.0×10^{-6}	−30℃~+60℃
7	相位噪声	dBc/Hz	−70	偏离中心频率1 kHz处
			−80	偏离中心频率10 kHz处
			−90	偏离中心频率100 kHz处
8	3 dB中频输出带宽	MHz	7	
9	镜像抑制比	dB	≥50	
10	输出中频频率	MHz	137.5 或 70	与解调器输入参数匹配

5.4　解调器

5.4.1　一般要求

连接方式:

输入接口:N-50KF 连接头;芯线上供电,电压+12 V~+15 V,电流不小于 250 mA;

输出接口:BNC 连接头,TTL 电平。

5.4.2　电性能要求

解调器电性能要求见表4。

表 4 解调器技术要求

功能	技术参数	单位	技术指标	备注
放大	输入频率	MHz	137.5 或 70	与中频信号频率匹配
	输入动态范围	dBm	-25～-60	—
	输入阻抗	Ω	50	—
	中频带宽	MHz	1.5～2.5	—
	镜像抑制比	dB	≥45	—
	增益	dB	≥40	—
解调	解调方式	—	BPSK	—
	捕获范围	kHz	≥±75	—
	捕获时间	ms	≤5	—
	码速率	Mbit/s	0.66	与卫星发送的码速率一致
	解调门限	dB	≥14.2	误码率≤1.0×10^{-6}
位同步	输出	—	时钟、数据	—
	输出接口	—	BNC 连接头	与数据摄入器接口匹配
	输出电平	—	TTL 电平	—

5.5 数据摄入器

数据摄入器进机接口方式应符合下列计算机接口标准之一：

a) PC 并行接口标准；

b) PCI 总线接口标准；

c) USB2.0 接口标准；

d) 网络接口标准。

5.6 接收存储计算机

5.6.1 计算机配置

可参照如下基本配置：

a) 主频 2.4 G；

b) 内存 1 GB；

c) 硬盘 160 G；

d) WindowXP 操作系统。

5.6.2 接收软件

实时接收软件应满足：

a) 与数据进机接口的通信，以获取卫星播发的 S-VISSR 数据；

b) 将接收的数据保存到硬盘或其他存储介质，文件命名按星标和时间确定，其中时间包括年、月、日、时、分、秒；

c) 快视时可进行通道切换并显示星标、时间码和扫描线信息；

d) 统计误码率功能。

6 试验方法

6.1 外观检查

用目视和手感法进行。

6.2 电性能测量

6.2.1 系统测量按 GB/T 11298.1 进行。

6.2.2 天线测量按 GB/T 11298.2 进行。

6.2.3 室外单元测量按 GB/T 11298.3 进行。

6.2.4 室内单元测量按 GB/T 11298.4 进行。

6.3 电磁兼容测量

6.3.1 一本振泄漏电平测量按 GB 11298.3—1997 中 4.7 规定进行。

6.3.2 二本振泄漏电平测量按 GB 11298.4—1997 中 4.5 规定进行。

6.4 安全性

安全试验按 GB 8898—2001 中的规定进行。

6.5 环境试验

6.5.1 天线的环境试验按 SJ/T 10649—1995 中 5.3 规定进行。

6.5.2 室内外单元的环境试验按 GB/T 11442—1995 中 5.5 规定进行。

6.6 可靠性试验

6.6.1 室外单元可靠性试验按照 GB/T 11442—1995 中 5.6.1 规定进行。

6.6.2 室内单元可靠性试验应遵循 GB/T 11442—1995 中 5.6.2 原则进行。

6.6.2.1 工作检查

每个循环应按下列内容检查一次：

    a) 计算机系统重新启动两次检查；

    b) 实时接收软件工作情况检查,包括快视图像(通道切换功能)主观评价或误码检查。

6.6.2.2 失效判据

应按下列内容判别：

    a) 快视图像数据丢帧大于 5%；

    b) 快视图像误码率大于 1×10^{-5}；

    c) 不接收、不存盘和严重影响快视图像质量的其他故障。

6.6.2.3 失效数统计计算

出现 6.6.2.2 中任何一条故障即算一次失效。

从属失效不计入失效数。

由于施加了规定范围以外的应力而导致的失效不计入失效。

7 检验规则

产品质量检验分为定型检验、交收检验和例行检验,具体按 GB/T 11442—1995 第 6 章规定执行。

8 标志、包装、运输和贮存

标志、包装、运输和贮存应按照 GB/T 11442—1995 中第 7 章要求执行。

9 产品成套性

产品成套性是指生产厂家在交付用户时应该提供的装箱内容,产品成套性见表 5。

表 5 产品成套性

序号	产品	单位	数量
1	天线	套	1
2	高频分机		1
3	电缆	套	1
4	解调器	台	1
5	数据摄入器(采用 PCI 进机接口方式时)	块	1
6	计算机	套	1
7	接收软件	套	1
8	使用维护手册	套	1
9	出厂合格证	份	1
10	装箱清单	份	1

ICS 07.060
A 47
备案号：39820—2013

中华人民共和国气象行业标准

QX/T 176—2012

遥感卫星光学辐射校正场数据格式

Data format of optical radiometric calibration site for remote sensing satellite

2012-11-29 发布　　　　　　　　　　　　2013-03-01 实施

中 国 气 象 局 发 布

前　言

本标准按照 GB/T 1.1—2009 给出的规则起草。

本标准由全国卫星气象与空间天气标准化技术委员会（SAC/TC 347）提出并归口。

本标准起草单位：国家卫星气象中心。

本标准主要起草人：李元、戎志国、胡秀清、刘京晶、张勇、孙凌、张立军。

引　言

　　遥感卫星场地辐射校正是卫星对地观测系统的一个重要组成部分,对提高卫星定量遥感精度和卫星遥感探测的地球物理参数的定量化产品处理及应用起着关键的作用。由于星载遥感器的类型不同,地面辐射校正场的观测仪器、观测内容、观测环节较多,急需制定一套可行的遥感卫星光学辐射校正场数据格式标准,为归档数据检索、国际交流和相应系统业务化运行奠定基础。

遥感卫星光学辐射校正场数据格式

1 范围

本标准规定了遥感卫星光学辐射校正场观测数据的总体要求、文件命名和文件结构。

本标准适用于遥感卫星光学辐射校正场观测数据的收集、存储、传输和处理等。

2 术语和定义

下列术语和定义适用于本文件。

2.1

辐射校正场 radiometric calibration site

辐射特性稳定与均匀性达到遥感器场地辐射校正精度指标要求的野外场地。

2.2

场地辐射校正 site radiometric calibration

通过辐射校正场观测获得的地球物理参数,经过大气辐射传输计算获取卫星遥感器的入瞳辐射值,并与卫星观测计数值比对,建立卫星遥感器计数值与入瞳辐射值之间的对应关系。

3 总体要求

3.1 符号和标点

文件和文件名中涉及的符号和标点均用半角西文字符,特别声明除外。

3.2 科学计数

文件中的数值均以科学计数法表示,小数位数 4 位,特别声明除外。

3.3 字符

标准中用字母"C"表示字符,"C"前加数字规定字符的长度。规定了长度的字符由数值构成(如:月份、日期、度数等)且数值位数小于规定长度时,数值左侧补零。规定了长度的字符由字母构成(如:观测地、数据类型等)且字母位数小于规定长度时,字母左侧补空格。

4 文件命名

遥感卫星光学辐射校正场数据文件简称"J 文件",为文本文件,文件名构成为:

$$DATE\_SITE\_TYPE\_LEVEL.TXT$$

其中:

DATE ——观测日期,只包含一天的观测数据,用"YYYYMMDD"表示,字符长为 8C;包含多天的观测数据,则用"$YYYY_1MM_1DD_1$-$YYYY_2MM_2DD_2$"表示,其中"$YYYY_1MM_1DD_1$"为数据起始日期,"$YYYY_2MM_2DD_2$"为数据终止日期,中间用"-"相连,字符长为 17C;

SITE ——观测地英文名,用前 3 个主干单词的首字母(大写)组合(不包含介词)表示,字符长为

3C;若包含多个地点的观测数据,则用"SITE₁-SITE₂"表示,其中"SITE₁"为观测起始地英文名,"SITE₂"为观测终止地英文名,中间用"-"相连,字符长为7C;

TYPE ——数据类型英文名,用前3个主干单词的首字母(大写)组合(不包含介词)表示,常用的数据类型英文全称见附录A,字符长为3C;

LEVEL ——数据级别,用"L0"、"L1"、"L2"、"L3"分别表示0级、1级、2级、3级数据,字符长为2C,数据分级方法见附录B;

以上文件名要素间用下划线"_"相连。

5 文件的结构及其说明

5.1 结构

J文件由描述参数、维、变量参数和数据体四部分组成,示例参见附录C。

5.2 说明

5.2.1 描述参数

5.2.1.1 通则

描述参数用于描述数据基本特性,用"DES"标识开头,后跟描述参数的个数。在描述参数中按照以下要素顺序描述数据特性,数据中不包含其中某项要素时不用填写该项要素,每个要素占据一行。

5.2.1.2 经度

用"LON:"开头,后跟观测数据起始位置的经度,格式为:

$$LON: \pm ddd:mm:ss.ss$$

其中:

+,− —— 分别表示东经,西经,字符长为1C;

ddd —— 表示度,字符长为3C;

mm —— 表示分,用整数表示,字符长为2C;

ss.ss —— 表示秒,用实数表示,字符长为5C。

5.2.1.3 纬度

用"LAT:"开头,后跟观测数据起始位置的纬度,格式为:

$$LAT: \pm ddd:mm:ss.ss$$

其中:

+,− —— 分别表示北纬,南纬,字符长为1C;

ddd —— 表示度,字符长为3C;

mm —— 表示分,用整数表示,字符长为2C;

ss.ss —— 表示秒,用实数表示,字符长为5C。

5.2.1.4 海拔高度

用"ALT:"开头,后跟观测数据起始位置的海拔高度,格式为:

$$ALT:A$$

其中:

A——表示海拔高度的数值,单位为米(m)。

5.2.1.5 观测日期

用"DATE:"开头,后跟数据观测起始日期,格式为:

$$DATE:YYYYMMDD$$

其中:

YYYY —— 表示观测年份,字符长为 4C;

MM　　—— 表示观测月份,字符长为 2C;

DD　　—— 表示观测日期,字符长为 2C。

5.2.1.6 观测时间

用"TIME:"开头,后跟数据观测起始时间,格式为:

$$TIME:hhmmss$$

其中:

hh　—— 表示小时,格林尼治时间,24 小时制,字符长为 2C;

mm —— 表示分钟,字符长为 2C;

ss　—— 表示秒,字符长为 2C。

5.2.1.7 观测仪器

用"INS:"开头,后跟观测仪器名,观测仪器的命名规则见附录 D。

5.2.2 维

5.2.2.1 通则

维用"DIM"标识开头,后跟维的个数。另起一行首先定义描述参数(见 5.2.1)作为维的要素。按照 5.2.1 中要素的定义顺序罗列。5.2.1 中的要素不是维时不填。在所有是维的描述参数定义完成后,若仍存在其他维,则以维英文名前 3 个主干单词的首字母(大写)组合(不包含介词)定义。

5.2.2.2 经度

用"LON:"开头,后跟观测数据位置的经度个数、数值范围和格式。格式为:

$$LON:N, L_{MIN} \sim L_{MAX}$$

其中:

N　　—— 经度个数;

L_{MIN} —— 经度最小值,格式见 5.2.1.2;

L_{MAX} —— 经度最大值,格式见 5.2.1.2。

5.2.2.3 纬度

用"LAT:"开头,后跟观测数据起始位置的纬度个数、数值范围和格式。格式为:

$$LAT:N, L_{MIN} \sim L_{MAX}$$

其中:

N　　—— 纬度个数;

L_{MIN} —— 纬度最小值,格式见 5.2.1.3;

L_{MAX} —— 纬度最大值,格式见 5.2.1.3。

5.2.2.4 海拔高度

用"ALT："开头，后跟观测数据位置的海拔高度个数、数值范围和单位。格式为：

$$\text{ALT：N，} A_{MIN} \sim A_{MAX}$$

其中：

N　　—— 海拔高度个数；

A_{MIN} —— 海拔高度最小值，格式见 5.2.1.4；

A_{MAX} —— 海拔高度最大值，格式见 5.2.1.4。

5.2.2.5 观测日期

用"DATE："开头，后跟数据观测日期个数、数值范围和格式。格式为：

$$\text{DATE：N，} D_{MIN} \sim D_{MAX}$$

其中：

N　　—— 日期个数；

D_{MIN} —— 日期最小值，格式见 5.2.1.5；

D_{MAX} —— 日期最大值，格式见 5.2.1.5。

5.2.2.6 观测时间

用"TIME："开头，后跟数据观测时间个数、数值范围和格式。格式为：

$$\text{TIME：N，} T_{MIN} \sim T_{MAX}$$

其中：

N　　—— 时间个数；

T_{MIN} —— 时间最小值，格式见 5.2.1.6；

T_{MAX} —— 时间最大值，格式见 5.2.1.6。

5.2.2.7 观测仪器

用"INS："开头，按照观测顺序依次列出参加观测的仪器名，仪器命名规则见附录 D。格式为：

$$\text{INS：I}i$$

其中：

Ii—— 第 i 个观测仪器名，$i=1, 2, 3, \cdots, n$。

5.2.2.8 其他要素

其他要素指不包含在以上六类要素中的维，如波长、气温等。格式为：

$$\text{XXX-全称-个数-XXX}_{MIN} \sim \text{XXX}_{MAX}\text{-单位/格式}$$

其中：

XXX　　　—— 要素英文名称的前 3 个主干单词首字母（大写）组合（不包含介词），常用的要素英文全称见附录 A；

全称　　　—— 要素英文全称；

个数　　　—— 要素个数；

XXX_{MIN} —— 要素最小值；

XXX_{MAX} —— 要素最大值；

单位/格式—— 要素的数值单位或表达格式，依要素的种类而定。

5.2.3 变量参数

按照不同特质将数据定义为不同变量。变量参数用"VAR"标识开头,后跟变量参数的个数。再另起一行,用"VARi:"开头,i=1,2,3,…,n,格式为:

$$\text{VAR}i:\text{VVV}i,全称,单位,\text{VAR}i_{\text{MIN}} \sim \text{VAR}i_{\text{MAX}}$$

其中:

VVVi —— 变量参数英文名称的前 3 个主干单词首字母(大写)组合(不包含介词),常用的变量
参数英文全称见附录 A;

全称 —— 变量参数英文全称;

单位 —— 变量参数的数值单位;

VARi_{MIN} —— 变量参数最小值;

VARi_{MAX} —— 变量参数最大值。

定义变量参数时应确保数据能独立表征物理量。如观测绝对辐射值时,当观测计数值需要结合定标文件方可体现所需物理量时,观测计数值与定标文件应分别定义为变量参数。

5.2.4 数据体

数据体中存放 5.2.2 中指定的维对应的 5.2.3 中定义的变量参数的值。数据用"DAT"开头,按照 5.2.3 中的定义顺序罗列。格式为:

$$N1,N2,…,Nn,Q:数据 1,数据 2,…,数据 n$$

其中:

N1 —— 维定义中的第 1 个维,其数值大小表示该维的值;

N2 —— 维定义中的第 2 个维,其数值大小表示该维的值;

Nn —— 维定义中的第 n 个维,其数值大小表示该维的值;

Q —— 质量控制标识,仅可用"Y"表示数据可靠或用"N"表示数据不可靠。

数据 1 —— 变量参数中定义的第 1 个变量,其数值大小表示该变量的值;

数据 2 —— 变量参数中定义的第 2 个变量,其数值大小表示该变量的值;

数据 n —— 变量参数中定义的第 n 个变量,其数值大小表示该变量的值。

附　录　A

（规范性附录）

常用物理全称与缩写

常用物理全称与缩写见表A.1。

表A.1　常用物理全称与缩写

中文全称	英文全称	缩写
气溶胶光学厚度	aerosol optical depth	AOD
天空漫射辐照度	diffuse sky irradiance	DSI
天空漫射总辐照度比	diffuse total irradiance ratio	DTI
地表反射比	ground reflectance	GR
地表发射率	ground emissivity	GE
地温	ground temperature	GT
地表亮温	ground brightness temperature	GBT
气温	air temperature	AT
气压	atmospheric pressure	AP
高空观测	upper-air observation	UAO

附 录 B

（规范性附录）

数据分级方法

B.1 0 级数据

原始观测数据。

B.2 1 级数据

对原始观测数据进行处理生成的地球物理参数。可以是多个仪器得到的某一物理参数,每个 1 级
数据有其特别的定义和数据背景或来源,如:辐亮度。

B.3 2 级数据

经辐射传输模型计算得到的中间结果参数,以及从卫星数据提取的用于定标的相关数据。如:场地
计数值、遥测和工程数据。

B.4 3 级数据

针对特定遥感卫星传感器的定标系数。如 风云一号 C 星(FY-1C)极轨气象卫星的多通道可见红
外扫描辐射计(MVISR)的定标系数。

附　录　C

（资料性附录）

文件结构示例

　　某数据定义了 3 个维：LON、LAT、TIME 和 2 个变量参数：DSI、DTI；2008 年 8 月 20 日在 3 个不同的地点和时刻：东经 94 度 04 分 32 秒，北纬 39 度 30 分 02 秒，03 点 24 分 55 秒；东经 94 度 04 分 32 秒，北纬 39 度 30 分 03 秒，03 点 30 分 02 秒；东经 94 度 04 分 33 秒，北纬 39 度 30 分 03 秒，03 点 35 分 12 秒。使用 OL756 光谱照度计获取了两组数据体，分别是 DSI 和 DTI，DSI：1.0240 e－6、1.5678 e－6、1.2638 e－5；DTI：3.2410 e－1、3.2090 e－1、8.0301 e－1。

　　数据格式如下：

DES5

LON：＋094：04：32.00

LAT：＋039：30：02.00

DATE：20080820

TIME：032455

INS：200～800_DS2_OL756_NSMC

DIM3

LON：3，＋094：04：32.00～＋094：04：33.00

LAT：3，＋039：30：02.00～＋039：30：03.00

TIME：3，032455～033512

VAR2

VAR1：DSI, diffuse sky irradiance, W/cm^2 nm, 1.0240 e－6～1.2638 e－5

VAR2：DTI, diffuse total irradiance ratio ,1,3.2090 e－1～8.0301 e－1

DAT

＋94－04－32，＋39－30－02，03－24－55，Y：1.0240 e－6，3.2410 e－1；

＋94－04－32，＋39－30－03，03－30－02，Y：1.5678 e－6，3.2090 e－1；

＋94－04－33，＋39－30－03，03－35－12，N ：1.2638 e－5，8.0301e－1。

附　录　D

（规范性附录）

仪器命名规则

D.1 观测仪器为通道式仪器时,仪器命名规则为:

$$L_{MIN} \sim L_{MAX}\_BN\_仪器型号\_所属机构$$

其中:

L_{MIN}　　——仪器可观测的最小波长,单位为 nm;

L_{MAX}　　——仪器可观测的最大波长,单位为 nm;

BN　　——B 代表通道式观测仪器,N 代表仪器的通道数;

仪器型号——标识仪器的字符;

所属机构——仪器所属机构英文名各主干单词的首字母(大写)组合(不包含介词)。

D.2 观测仪器为傅里叶变换式仪器时,仪器命名规则为:

$$L_{MIN} \sim L_{MAX}\_FTN\_仪器型号\_所属机构$$

其中:

L_{MIN}　　——仪器可观测的最小波长,单位为 nm;

L_{MAX}　　——仪器可观测的最大波长,单位为 nm;

FTN　　——FT 代表傅里叶变换式观测仪器,N 代表仪器的最高分辨率,单位 cm^{-1};

仪器型号　——标识仪器的字符;

所属机构　——仪器所属机构英文名各主干单词的首字母(大写)组合(不包含介词)。

D.3 观测仪器为色散式仪器时,仪器命名规则为:

$$L_{MIN} \sim L_{MAX}\_DSN\_仪器型号\_所属机构$$

其中:

L_{MIN}　　——仪器可观测的最小波长,单位为 nm;

L_{MAX}　　——仪器可观测的最大波长,单位为 nm;

DSN　　——DS 代表色散式观测仪器,N 代表仪器的最高分辨率,单位为 nm;

仪器型号——标识仪器的字符;

所属机构——仪器所属机构英文名各主干单词的首字母(大写)组合(不包含介词)。

D.4 观测仪器为其他类型仪器时,仪器命名规则为:

$$观测项目缩写\_观测范围\_单位\_仪器型号\_所属机构$$

其中:

观测项目缩写——观测项目英文名前 3 个主干单词的首字母(大写)组合(不包含介词),常用的观
测项目英文全称见附录 A,字符长为 3C;

观测范围　　——观测物理量的自变量变化范围;

单位　　　　　——观测物理量的单位；

仪器型号　　　——标识仪器的字符；

所属机构　　　——仪器所属机构英文名各主干单词的首字母（大写）组合（不包含介词）。

参 考 文 献

［1］　QX/T 21—2004　农业气象观测记录年报数据文件格式
［2］　QX/T 37—2005　气象台站历史沿革数据文件格式
［3］　气象标准汇编 2000—2003（内部资料）．北京：中国气象局政策法规司，2005

ICS 07.060

A 47

备案号：39821—2013

中华人民共和国气象行业标准

QX/T 177—2012

中尺度对流系统卫星遥感监测技术导则

Technical directives for satellite remote sensing of mesoscale convective
weather systems

2012-11-29 发布

2013-03-01 实施

中 国 气 象 局 发布

前　言

本标准按照 GB/T 1.1—2009 给出的规则起草。

本标准由全国卫星气象与空间天气标准化技术委员会(SAC/TC 347)提出并归口。

本标准起草单位:国家卫星气象中心。

本标准主要起草人:蒋建莹、王瑾、刘年庆、吴晓京。

引　言

　　由于中尺度对流系统很难用常规气象观测资料进行监测,所以在监测、临近/短时预报等业务中,高时空分辨率的卫星遥感成为十分重要的监测手段。目前,依据星载仪器观测的时空分辨率,卫星对中尺度云团适宜的监测对象是空间尺度在 20 km 以上、生命史在几小时以上的对流云团(方宗义等,2006),即 β 中尺度系统和 α 中尺度系统。现阶段,中尺度对流系统的卫星遥感监测主要是分析地球同步轨道气象卫星图像中的诸多云系和水汽场特征,同时兼顾极轨气象卫星图像和卫星遥感物理量探测信息,包括温度和湿度的反演信息、风场资料和微波资料等的分析。

　　目前,在气象行业内利用卫星遥感监测中尺度对流系统的工作已普遍展开。但由于国内许多专家提出了多种不同的中尺度对流系统普查标准,不利于普查结果的对比和特征分析。为了更好地发挥卫星遥感信息在中尺度对流系统监测中的作用,有必要在现有遥感监测技术的基础上,统一规定中尺度对流系统的定义和普查标准。

中尺度对流系统卫星遥感监测技术导则

1 范围

本标准规定了中尺度对流系统卫星红外遥感监测的数据处理和分类方法。

本标准适用于中尺度对流系统的卫星遥感监测与信息提取。

2 术语和定义

下列术语和定义适用于本文件。

2.1

黑体亮度温度 temperature of brightness blackbody;Tbb

由卫星通过扫描辐射观测仪测得的不同辐射体表面红外窗区通道(10 μm～12.5 μm)发射的辐射率,根据普朗克定律,计算出的辐射体表面温度。

2.2

中尺度对流系统 mesoscale convective system;MCS

卫星红外云图上,有组织、有相当范围的冷云盖、水平尺度在 20 km～500 km 的有对流活动的天气系统。

2.3

中尺度对流复合体 mesoscale convective complex;MCC

红外云图上 Tbb 不大于－52℃的冷云区,其面积大于 50 000 km²,偏心率(冷云区的短、长轴之比值,下同)不小于 0.7,持续时间不小于 6 h 的对流系统。

2.4

β中尺度圆形对流系统 meso-β circular convective system;M$_\beta$CCS

红外云图上 Tbb 不大于－52℃的冷云区,其面积大于 30 000 km²且小于或等于 50 000 km²,偏心率不小于 0.7,持续时间不小于 3 h 的对流系统。

2.5

持续扁状对流系统 persistent elongated convective system;PECS

红外云图上 Tbb 不大于 －52℃的冷云区,其面积大于 50 000 km²,偏心率介于 0.2(含)与 0.7 (不含)之间,持续时间不小于 6 h 的对流系统。

2.6

β中尺度的扁状对流系统 meso-β elongated convective system (M$_\beta$ECS)

红外云图上 Tbb 不大于－52℃的冷云区,其面积大于 30 000 km²且小于或等于 50 000 km²,偏心率介于 0.2(含)与 0.7 (不含)之间,持续时间不小于 3 h 的对流系统。

3 数据源要求

中尺度对流系统遥感监测的数据源应来自装载有红外窗区通道扫描辐射计获取的、经过定位、定标等预处理的静止气象卫星数据。

4 中尺度对流系统监测方法

4.1 监测指标的计算

4.1.1 黑体亮度温度的计算方法

云顶黑体亮度温度表征云区的对流强度,其具体计算公式见附录 A。

4.1.2 特征区面积的计算方法

对流云区的范围大小用特征区面积表示,其具体计算公式见附录 B。

4.1.3 重心的计算方法

重心的位置与中尺度对流系统内黑体亮度温度的分布有关,特征区面积的重心坐标计算公式见附录 C。

4.1.4 偏心率的计算方法

偏心率反映了中尺度对流系统的形状,利用 4.1.3 得到的重心坐标,拟合椭圆方程,椭圆短轴与长轴长度的比值即为偏心率,其具体计算公式见附录 D。

4.1.5 持续时间的计算

利用连续时次的多张卫星云图,计算从开始满足条件时间起到不再满足条件时间止的时间长度。

4.2 监测处理步骤

4.2.1 计算红外云图上的 Tbb;

4.2.2 勾画 Tbb 等于 $-52℃$ 的边界线,估算 Tbb 不大于 $-52℃$ 的特征区面积,即计算特征区面积中所有单个像元面积的总和;

4.2.3 如果特征区面积大于 30 000 km^2,可初步判识为一中尺度对流系统,估算中尺度对流系统的重心坐标 (x_0,y_0);

4.2.4 利用得到的重心坐标 (x_0,y_0),拟合椭圆方程,得到偏心率;

4.2.5 计算中尺度对流系统的持续时间。

4.3 中尺度对流系统的分类方法

依据 4.2 获得的云团的 Tbb、特征区面积、重心和偏心率等特征,可把卫星云图上的中尺度对流系统按特征阈值主要分为 MCC、M_βCCS、PECS、M_βECS 4 类中尺度对流系统,见附录 E。

注:本标准不涉及冷云区的 Tbb 大于 $-52℃$ 且面积小于或等于 30 000 km^2 和生命史小于 3 h 的对流系统以及对流云团的分裂或合并等。

附　录　A

（规范性附录）

黑体亮度温度的计算公式

在红外波段,当地球作为遥感靶面时,其比辐射率几乎不随波长变化,且接近黑体。因此,常把地球当做黑体来处理。黑体辐射满足普朗克定律,即

$$T = \frac{hc/K}{\lambda \ln\left[2\pi hc^2/(B(\nu,T)\lambda^5)+1\right]} \quad\quad\quad\quad\quad (A.1)$$

式中:

T　　　——黑体亮度温度;

h　　　——普朗克常数;

c　　　——光速;

K　　　——玻尔兹曼参数;

λ　　　——波长;

ν　　　——波数;

$B(\nu,T)$——黑体辐射出射度。

附　录　B

（规范性附录）

特征区面积的计算公式

首先确定中尺度对流系统的周边界限（指－52℃的边界线），并利用式（B.1）计算特征区面积

$$S = \sum_{i,j=1}^{n} S_{i,j}$$
$$\cdots\cdots\cdots\cdots\cdots\cdots\cdots\cdots\cdots\cdots\cdots\cdots (B.1)$$

式中：

S ——特征区面积；

i ——x 方向网格点序号；

j ——y 方向网格点序号；

$S_{i,j}$——像元面积；

n ——该中尺度对流系统包含的像元个数。

附　录　C

（规范性附录）

重心的计算公式

中尺度对流系统的重心计算公式见(C.1)、式(C.2)：

$$x_0 = \frac{\sum\limits_{i=1}^{n} x_i t_i}{\sum\limits_{i=1}^{n} t_i} \quad\quad\quad \cdots\cdots\cdots\cdots\cdots\cdots\cdots\cdots\cdots\cdots (C.1)$$

$$y_0 = \frac{\sum\limits_{i=1}^{n} y_i t_i}{\sum\limits_{i=1}^{n} t_i} \quad\quad\quad \cdots\cdots\cdots\cdots\cdots\cdots\cdots\cdots\cdots (C.2)$$

式中：

x_0，y_0——中尺度对流系统的重心坐标；

x_i　　——第 i 个像元的经度；

y_i　　——第 i 个像元的纬度；

t_i　　——第 i 个像元 Tbb 的值；

n　　——中尺度对流系统包含的像元个数。

附　录　D
（规范性附录）
偏心率的计算

已知拟合椭圆方程见式(D.1)：

$$\frac{(x-x_0)^2}{a^2}+\frac{(y-y_0)^2}{b^2}=1 \qquad \cdots\cdots(D.1)$$

式中：

x_0 ，y_0 ——中尺度对流系统的重心坐标；

a ——拟合椭圆的长轴；

b ——拟合椭圆的短轴。

求解式(D.1)，令拟合椭圆的中心位于中尺度对流系统的重心，通过最小二乘拟合可得其长轴和短轴的求解公式，见式(D.2)～式(D.4)：

$$p=\frac{\sum_{i=1}^{n}(x_i-x_0)^2\sum_{i=1}^{n}(y_i-y_0)^4-\sum_{i=1}^{n}(y_i-y_0)^2\sum_{i=1}^{n}(x_i-x_0)^2(y_i-y_0)^2}{\sum_{i=1}^{n}(x_i-x_0)^4\sum_{i=1}^{n}(y_i-y_0)^4-\left[\sum_{i=1}^{n}(x_i-x_0)^2(y_i-y_0)^2\right]^2} \qquad \cdots\cdots(D.2)$$

$$q=\frac{\sum_{i=1}^{n}(x_i-x_0)^2\sum_{i=1}^{n}(x_i-x_0)^2(y_i-y_0)^2-\sum_{i=1}^{n}(y_i-y_0)^2\sum_{i=1}^{n}(x_i-x_0)^4}{\left[\sum_{i=1}^{n}(x_i-x_0)^2(y_i-y_0)^2\right]^2-\sum_{i=1}^{n}(y_i-y_0)^4\sum_{i=1}^{n}(x_i-x_0)^4} \qquad \cdots\cdots(D.3)$$

$$a=\sqrt{\frac{1}{p}}, \quad b=\sqrt{\frac{1}{q}} \qquad \cdots\cdots(D.4)$$

式中：

x_i ——中尺度对流系统的周边界限（指−52℃的边界线）第 i 个观测点的经度值；

y_i ——中尺度对流系统的周边界限（指−52℃的边界线）第 i 个观测点的纬度值；

n ——边界上值为−52℃的 Tbb 像元个数；

a ——拟合椭圆的长轴；

b ——拟合椭圆的短轴。

偏心率的计算公式见式(D.5)：

$$e=\frac{b}{a} \qquad \cdots\cdots(D.5)$$

式中：

a ——拟合椭圆的长轴；

b ——拟合椭圆的短轴，

e ——偏心率。

附　录　E

（规范性附录）

中尺度对流系统的分类

中尺度对流系统的分类见表 E.1。

表 E.1　中尺度对流系统的分类

判据	MCC	$M_\beta CCS$	PECS	$M_\beta ECS$
尺度范围	$S^a > 50\,000\ km^2$	$30\,000\ km^2 < S^a \leqslant 50\,000\ km^2$	$S^a > 50\,000\ km^2$	$30\,000\ km^2 < S^a \leqslant 50\,000\ km^2$
持续时间	$\geqslant 6\ h$	$\geqslant 3\ h$	$\geqslant 6\ h$	$\geqslant 3\ h$
形状	边界为−52℃的冷云区达最大范围时,偏心率$\geqslant 0.7$	边界为−52℃的冷云区达最大范围时,偏心率$\geqslant 0.7$	边界为−52℃的冷云区达最大范围时,$0.2 \leqslant$偏心率< 0.7	边界为−52℃的冷云区达最大范围时,$0.2 \leqslant$偏心率< 0.7
发生时间	开始满足条件的时间	开始满足条件的时间	开始满足条件的时间	开始满足条件的时间
最大范围（成熟）时间	连续冷云区（Tbb 值不大于−52℃）达到其最大面积时间	连续冷云区（Tbb 值不大于−52℃）达到其最大面积时间	连续冷云区（Tbb 值不大于−52℃）达到其最大面积时间	连续冷云区（Tbb 值不大于−52℃）达到其最大面积时间
终止时间	不再满足条件的时间	不再满足条件的时间	不再满足条件的时间	不再满足条件的时间
a　Tbb 不大于−52℃的冷云区面积。				

参 考 文 献

[1]　董超华,章国才,邢福源,等. 气象卫星产品释用手册. 北京:气象出版社,1999.

[2]　段旭,张秀年,许美玲. 云南及其周边地区中尺度对流系统时空分布特征. 气象学报,2004,**62**(2):243-249.

[3]　方宗义,覃丹宇,暴雨云团的卫星监测和研究进展. 应用气象学报,2006,**17**(5):583-593.

[4]　费增坪,郑永光,王洪庆. 2003年淮河大水期间MCS的普查分析. 气象,2005,**31**(13):18-22.

[5]　费增坪,郑永光,张炎,等. 基于静止卫星红外云图的MCS普查研究进展及标准修订. 应用气象学报,2008,**19**(1):82-90.

[6]　江吉喜,项续康,范梅珠. 青藏高原夏季中尺度强对流系统的时空分布. 应用气象学报,1996,**7**(4):474-478.

[7]　李玉兰,王婧嫆,郑新江,等.我国西南－华南地区中尺度对流复合体(MCC)的研究. 大气科学,1989,**13**(4):417-422.

[8]　马禹,王旭,陶祖钰. 中国及其邻近地区中尺度对流系统的普查和时空分布特征. 自然科学进展,1997,**7**(6):701-706.

[9]　马禹,王旭,陶祖钰. 新疆特大暴雨过程中的中尺度对流系统特征. 新疆气象,1998,21(6):3-7.

[10]　陶祖钰,王洪庆,王旭,等. 1995年中国的中－α尺度对流系统. 气象学报,1998,**56**(2):166-177.

[11]　谢静芳,王晓明. 东北地区中尺度对流复合体的卫星云图特征. 气象,1995,**21**(5):41-44.

[12]　杨本湘,陶祖钰. 青藏高原东南部MCC的地域特点分析. 气象学报,2005,**63**(2):236-242.

[13]　郑永光,陈炯,陈明轩,等. 北京及周边地区5—8月红外云图亮温的统计学特征及其天气学意义. 科学通报,2007,**52**(14):1700-1706.

[14]　郑永光,朱佩君,陈敏,等. 1993－1996黄海及其周边地区MαCS的普查分析. 北京大学学报(自然科学版),2004,**40**(1):66-72.

[15]　Jirak I L , Cotton W R, McAnelly R L. Satellite and radar survey of mesoscale convective system development. *Mon. Wea. Rev.*, 2003, **131**: 2428-2449.

[16]　Maddox R A. Mesoscale convective complexes. *Bull Amer Meteor Soc*, 1980, **61**(11): 1374-1387.

[17]　Orlanski I. A rational subdivision of scales for atmospheric processes. *Bull. Amer. Meteorol. Soc.*, 1975, **56**: 527-530.